"十三五"国家重点图书出版规划项目

中国特色畜禽遗传资源保护与利用丛书

阿 勒 泰 羊

甘尚权　主编

中国农业出版社

北　京

丛书编委会

本书编写人员

主　编　甘尚权

副主编　蒋　慧　袁　玖　张云峰　宋天增　康立超

参　编　（按姓氏笔画排序）

方　雷　孔维欢　刘　翀　刘守仁　张　宾

徐梦思　彭夏雨　蒋　涛　曾献存

审　稿　马友记

　　我国是世界上畜禽遗传资源最为丰富的国家之一。多样化的地理生态环境、长期的自然选择和人工选育，造就了众多体型外貌各异、经济性状各具特色的畜禽遗传资源。入选《中国畜禽遗传资源志》的地方畜禽品种达 500 多个、自主培育品种达 100 多个，保护、利用好我国畜禽遗传资源是一项宏伟的事业。

　　国以农为本，农以种为先。习近平总书记高度重视种业的安全与发展问题，曾在多个场合反复强调，"要下决心把民族种业搞上去，抓紧培育具有自主知识产权的优良品种，从源头上保障国家粮食安全"。近年来，我国畜禽遗传资源保护与利用工作加快推进，成效斐然：完成了新中国成立以来第二次全国畜禽遗传资源调查；颁布实施了《中华人民共和国畜牧法》及配套规章；发布了国家级、省级畜禽遗传资源保护名录；资源保护条件能力建设不断提升，支持建设了一大批保种场、保护区和基因库；种质创制推陈出新，培育出一批生产性能优越、市场广泛认可的畜禽新品种和配套系，取得了显著的经济效益和社会效益，为畜牧业发展和农牧民脱贫增收作出了重要贡献。然而，目前我国系统、全面地介绍单一地方畜禽遗传资源的出版物极少，这与我国作为世界畜禽遗传资源大国的地位极不相称，不利于优良地方畜禽遗传资源的合理保护和科学开发利用，也不利于加快推进现代畜禽种业建设。

为普及对畜禽遗传资源保护与开发利用的技术指导，助力做大做强优势特色畜牧产业，抢占种质科技的战略制高点，在农业农村部种业管理司领导下，由全国畜牧总站策划、中国农业出版社出版了这套"中国特色畜禽遗传资源保护与利用丛书"。该丛书立足于全国畜禽遗传资源保护与利用工作的宏观布局，组织以国家畜禽遗传资源委员会专家、各地方畜禽品种保护与利用从业专家为主体的作者队伍，以每个畜禽品种作为独立分册，收集汇编了各品种在管、产、学、研、用等相关行业中积累形成的数据和资料，集中展现了畜禽遗传资源领域最新的科技知识、实践经验、技术进展与成果。该丛书覆盖面广、内容丰富、权威性高、实用性强，既可为加强畜禽遗传资源保护、促进资源开发利用、制定产业发展相关规划等提供科学依据，也可作为广大畜牧从业者、科研教学工作者的作业指导书和参考工具书，学术与实用价值兼备。

丛书编委会

2019 年 12 月

序言

　　我国是世界畜禽遗传资源大国，具有数量众多、各具特色的畜禽遗传资源。这些丰富的畜禽遗传资源是畜禽育种事业和畜牧业持续健康发展的物质基础，是国家食物安全和经济产业安全的重要保障。

　　随着经济社会的发展，人们对畜禽遗传资源认识的深入，特色畜禽遗传资源的保护与开发利用日益受到国家重视和全社会关注。切实做好畜禽遗传资源保护与利用，进一步发挥我国特色畜禽遗传资源在育种事业和畜牧业生产中的作用，还需要科学系统的技术支持。

　　"中国特色畜禽遗传资源保护与利用丛书"是一套系统总结、翔实阐述我国优良畜禽遗传资源的科技著作。丛书选取一批特性突出、研究深入、开发成效明显、对促进地方经济发展意义重大的地方畜禽品种和自主培育品种，以每个品种作为独立分册，系统全面地介绍了品种的历史渊源、特征特性、保种选育、营养需要、饲养管理、疫病防治、利用开发、品牌建设等内容，有些品种还附录了相关标准与技术规范、产业化开发模式等资料。丛书可为大专院校、科研单位和畜牧从业者提供有益学习和参考，对于进一步加强畜禽遗传资源保护，促进资源可持续利用，加快现代畜禽种业建设，助力特色畜牧业发展等都具有重要价值。

中国科学院院士
中国农业大学教授 吴常信

2019 年 12 月

绵羊在 9 000～10 000 年前被人类先祖驯化，是人类最早驯化的家养动物之一。绵羊具有非常强的适应能力，现今已广泛分布于高山、草原、平原、洼地等世界不同的区域特异性地理环境中。随着人类文明的发展，绵羊已进化成为一大类适应不同地理环境气候，具有不同品种特性、不同生产性能的品种遗传资源。

绵羊种质资源是畜牧业的重要组分，是畜牧科技创新的基础物质。据不完全统计，全世界绵羊品种大约有 650 个，我国绵羊品种资源相对丰富，大约占世界绵羊品种总数的十分之一。

阿勒泰羊是新疆高寒地区特有绵羊品种，经历长期的极端环境的胁迫作用，进化成为具有巨型储脂臀部的耐寒品种，其对当地自然生态环境具有较强适应能力，具有耐粗饲、耐寒、抗逆、生长发育快、肉脂生产性能高等诸多特点。该品种虽然 1958 年才被新疆维吾尔自治区人民政府命名，但早在汉唐时期就有该品种的文献记载，福海大尾羊曾被作为贡品献给唐朝宫廷。"新疆羊大如牛，尾大如盆"，所赞誉的就是阿勒泰羊。随着人们饮食习惯的改变与对健康的关注，低脂羊肉受到青睐，促使当地农牧民大量引进外来低脂品种对其进行盲目的杂交与串配，导致这种高脂肉率的阿勒泰羊品种面临灭绝的窘境，纯种阿勒泰羊数量锐减。这种盲目的杂交和串配使得阿勒泰羊优良遗传资源丢失。如果不能及时对阿勒泰羊进行定向保种与基因保护，很多优良遗传基因将会丢失，其品种也会因此而面临灭绝的境地。因此，有效地保护和利用阿勒泰羊优良的种质资源是新疆维吾尔自治区养羊业当前亟待解决的问题。

本书重点介绍了绵羊的品种起源与形成、阿勒泰羊品种特征与性能、阿勒泰羊品种保护、品种选育与繁育、饲草料开发与营养需求、圈舍设计与环境控制以及阿勒泰羊资源利用与品牌开发等内容。该书适合高校教师与学生、基层畜牧兽医科技人员、农业技术推广人员和畜牧管理人员阅读参考，可为阿勒泰羊品种资源的保护及合理、有序地利用与开发提供借鉴。

本书在编写与出版过程中，得到了各位编委、参编者的密切配合，同时也得到了中国农业出版社周晓艳编辑热心的帮助，在此一并致以衷心的感谢！

　　由于作者水平有限，书中难免存在不足之处，恳请读者和同行专家批评指正。

编　者

2019 年 12 月

出版说明

序言

前言

第一章　阿勒泰羊品种起源与形成过程 / 1

第一节　阿勒泰羊产区自然生态条件　/ 1

一、绵羊的起源及产地分布　/ 1

二、品种资源现状　/ 5

第二节　阿勒泰羊产区社会经济及养羊业

　　　　情况　/ 7

一、牧业结构　/ 7

二、养羊业发展的现状与存在的问题　/ 7

第二章　阿勒泰羊的品种特征和生产性能 / 11

第一节　阿勒泰羊体型外貌　/ 11

一、外貌特征　/ 11

二、毛色和毛质　/ 11

第二节　阿勒泰羊生物学习性　/ 11

一、常规生理指标　/ 11

二、适应性　/ 12

三、生长发育特点　/ 13

四、消化生理特点　/ 13

第三节　阿勒泰羊生产性能　/ 14

一、繁殖性能　/ 14

二、生长性能　/ 15

三、育肥性能　/ 16

四、产奶和毛用性能　/ 16

五、屠宰性能　/ 17

目　录

六、肉质性状 / 17

第四节　阿勒泰羊品种标准 / 17

一、品种来源 / 18

二、品种特性 / 18

三、外貌特征 / 18

四、生产性能 / 18

五、生产性能测定 / 19

六、分级要求 / 19

第三章　阿勒泰羊品种保护 / 21

第一节　阿勒泰羊保种概况 / 21

一、品种形成及特征 / 21

二、品种资源现状 / 22

三、保种概况 / 23

四、保种制度建设 / 24

第二节　阿勒泰羊保种目标 / 25

一、保种主要思路 / 25

二、保种目标 / 26

第三节　阿勒泰羊保种技术措施 / 28

一、活畜保种 / 28

二、生物技术保种 / 29

第四节　阿勒泰羊种质特性研究 / 30

一、品种特征 / 31

二、遗传背景 / 31

三、生理生化指标 / 31

四、主要生产性能 / 32

五、分子选育技术研究 / 33

第五节　阿勒泰羊良种登记与建档 / 37

一、建立记载和统计制度 / 37

二、建立良种登记制度 / 37

三、良种登记羊的管理 / 38

第四章　阿勒泰羊品种选育 / 40

第一节　阿勒泰羊的选种技术 / 40

一、选种意义 / 40

二、选种方法 / 40

三、选种时应注意的问题 / 43

第二节　阿勒泰羊的选配方法 / 43

一、选配的意义和作用 / 43

二、选配方法 / 44

三、选配应遵循的原则 / 46

第三节　阿勒泰羊的纯种繁育 / 47

一、品系繁育法 / 47

二、血液更新法 / 49

三、本品种选育法 / 49

四、选育提高 / 50

第四节　阿勒泰羊的性能检测 / 52

一、性能检测指标和时间 / 52

二、性能检测方法与要求 / 53

三、性能检测评定 / 55

第五章　阿勒泰羊品种繁育 / 56

第一节　阿勒泰羊生殖生理 / 56

一、生殖器官及生理功能 / 56

二、性成熟及发情 / 59

第二节　阿勒泰羊配种方法 / 62

一、母羊的发情鉴定 / 62

二、配种时间的确定 / 63

三、配种的一般方法 / 64

第三节　阿勒泰羊母羊妊娠与胎儿生长发育 / 68

一、受精 / 68

二、妊娠识别 / 70

三、胚胎发育 / 70

四、妊娠 / 71

五、胎儿生长发育 / 72

第四节　阿勒泰羊母羊接产及初生羔羊护理 / 74

一、接羔 / 74

二、新生羔羊的护理 / 76

三、初生羔羊的鉴定 / 77

第五节　提高阿勒泰羊繁殖力的途径、技术及

实施方案 / 78

一、提高繁殖力的途径与方案 / 78

二、繁殖新技术 / 80

第六章　舍饲阿勒泰羊的营养需求与饲料 / 92

第一节　舍饲阿勒泰羊的营养需要 / 92

一、能量需要 / 93

二、蛋白质需要 / 93

三、矿物质需要 / 94

四、维生素需要 / 97

五、水的需要 / 99

第二节　舍饲阿勒泰羊的常用饲料 / 99

一、粗饲料 / 99

二、青饲料和青贮饲料 / 101

三、能量饲料 / 103

四、蛋白质饲料 / 106

第三节　舍饲阿勒泰羊的矿物质饲料 / 108

一、钙磷饲料 / 108

二、食盐 / 109

三、天然矿物质饲料 / 109

第四节 舍饲阿勒泰羊的添加剂饲料 / 111

一、营养性添加剂 / 111

二、非营养性添加剂 / 112

第七章 阿勒泰羊的饲养管理技术 / 113

第一节 阿勒泰羊种公羊的饲养管理技术 / 113

一、配种期饲养管理 / 114

二、非配种期饲养管理 / 115

第二节 阿勒泰羊繁殖母羊的饲养管理技术 / 116

一、空怀期的饲养管理 / 116

二、妊娠期的饲养管理 / 117

三、哺乳期的饲养管理 / 117

第三节 阿勒泰羊羔羊的饲养管理技术 / 118

一、羔羊的饲养 / 118

二、羔羊编号 / 121

第四节 阿勒泰羊育成羊的饲养管理技术 / 122

第五节 阿勒泰羊育肥羊的饲养管理技术 / 123

第八章 阿勒泰羊卫生保健与疫病防控 / 125

第一节 阿勒泰羊卫生保健 / 125

一、环境 / 125

二、驱虫与消毒 / 126

第二节 阿勒泰羊常见寄生虫病的诊治 / 130

一、羊疥癣（螨）病 / 130

二、羊鼻蝇蛆病 / 131

三、羊毛虱病 / 131

四、羊泰勒虫病 / 132

五、羊肝片吸虫病 / 133

六、羊消化道线虫病 / 134

七、羊肺线虫病 / 134

八、羊绦虫病 / 135

九、羊球虫病 / 136

第三节　阿勒泰羊免疫 / 136

第四节　阿勒泰羊主要传染病的防控 / 138

一、防治措施 / 138

二、主要传染病的诊治 / 139

第五节　阿勒泰羊常见普通病的控制 / 151

一、瘤胃臌气 / 152

二、羊胃肠炎 / 153

三、瘤胃酸中毒 / 154

四、中毒 / 155

五、外伤处理 / 155

第九章　阿勒泰羊羊场建设与环境控制 / 156

第一节　阿勒泰羊羊场选址与建设 / 156

一、羊场选址的基本要求 / 156

二、羊场建设规划与设计 / 157

第二节　阿勒泰羊羊场设施与设备 / 159

第三节　阿勒泰羊羊场环境控制 / 164

一、环境调控 / 164

二、羊场废弃物无害化处理 / 169

第十章　阿勒泰羊开发利用与品牌建设 / 178

第一节　阿勒泰羊品种资源开发利用 / 178

一、纯种繁育，培育新品系 / 178

二、以阿勒泰羊为基础母本，培育适应能力强、
　　多胎肉用新品种　/ 180

第二节　阿勒泰羊产品资源开发利用　/ 181

一、排酸肉　/ 181

二、分割肉及其烹饪方法　/ 183

三、因地制宜开发羊产品　/ 185

四、尾脂资源　/ 185

第三节　阿勒泰羊品牌建设　/ 185

一、品牌建设流程　/ 186

二、品牌建设的原则　/ 187

三、品牌战略管理　/ 188

四、品牌文化　/ 189

五、质量安全　/ 189

六、品牌营销　/ 190

七、技术进步　/ 191

八、品牌延伸　/ 191

参考文献　/ 193

第一章
阿勒泰羊品种起源与形成过程

第一节 阿勒泰羊产区自然生态条件

一、绵羊的起源及产地分布

(一)绵羊的起源与驯化

家养绵羊源于野生绵羊是不争的事实,但是家养绵羊是由何种野生绵羊驯化而来,以及驯化的时间和地点暂无定论。目前,世界上较为公认的分类规范是将绵羊属中的30~40个种群分为两大类群,即由摩弗伦羊(Mouflon)、羱羊(Urial)、盘羊(Agarli)组成的欧亚类群,以及由雪羊(Snow sheep)、大角羊(Bighorn)、大白羊(Thinhorn)组成的美洲类群。绵羊属动物系统命名较为混乱,多个物种间可以进行杂交,而且后代可育,因此在"种"与"亚种"之间很难界定。另外,根据早期形态学分类标准,现代家养绵羊与主要分布在中亚山脉地区的羱羊最为接近(蔡大伟,2007)。但是这种分类标准缺乏家养绵羊完善的年龄、性别、观察季节等方面的记录,因此经常出现"同物异名"或"同名异物"等错误。

绵羊起源于欧洲及亚洲较冷的地区,原产于里海与咸海周围草原的野羊为现今家养绵羊的共同祖先。许多研究者根据考古学、人类学、动物学、形态学研究,以及对野生型绵羊和家养型绵羊许多特征的比较得出的结论是:家养绵羊可能起源于南欧、前亚细亚、北非等不同地区,人类驯养了多个种或亚种的野生绵羊,即摩弗伦羊、阿尔卡尔野羊、东方盘羊、萨溪尼羊、盘羊,也就是说绵羊起源的多源论学说。但也有一些考古学家认为,家养绵羊与主要分布在中亚山脉地区的赪羊（Urial）形态最为接近。赪羊最早是在咸海和里海盆地被驯化的，随后由该处传至中东，经瑞士而分布于全欧洲，再经西班牙而传布至北非等地区（Zeuner，1993）。

一些学者研究表明，野生绵羊具有不同的染色体数目（52、54、55、56和58条），而家养绵羊的染色体数目均为54条。目前，动物分类学家普遍认为，家养绵羊是由小亚细亚和地中海的摩弗伦羊驯化而成的，其他不同种的野生绵羊（萨溪尼羊、东方盘羊、雪羊）不是家养绵羊的直系祖先。在过去的70年，家养动物起源与驯化的研究一直是考古学界长期探讨和争论的问题。经过多年研究，考古学家获得了大量的第一手资料。考古学证据显示，大多数的家养动物驯化事件都发生在距今8 000～10 000年前，西南亚、东亚及美洲可能是3个主要的家养动物驯化中心。由于绵羊起源于较寒冷的地区，身上长有似发的长毛，且具有柔软的绒毛层，因此在寒冷地区居住的人们首选绵羊进行繁育，生产的羊毛用来制衣御寒。距今1万～2万年，在尼安德特人（Neandertal）聚居的瑞士湖发现了羊毛织物的遗迹。公元前4 000年，巴比伦人（Babylonian）用羊毛制造衣物；公元前5000—前4000年，埃及人将绵羊雕刻于石碑上，这足以证明绵羊在早期就已经被驯化成功。中石器时代的考古学遗址和现代的遗传学证据都提示，绵羊被认为是距今10 000年前（新石器时代）在新月沃地被驯化的（Peters等，1999）。考古学信息表明，在土耳其共有两个独立的绵羊驯化地区——土耳其东北的幼发拉底河上游和安纳托利亚中部。

考古学、民俗学的研究表明，由于绵羊栖息地不利于化石的形成，因此目前考古发掘的绵羊化石记录稀少，有关绵羊的化石记录只能追溯到250万年前。而分子遗传学证据显示，绵羊与山羊的分化时间至少有500万年的历史。因此说明，物种形成是一个漫长的过程，当形态学上有显著差异时生殖隔离也许早已形成了；同时，根据化石信息推断，绵羊的驯化时间与其真正的驯化时间可能存在较大差异。从地质学上讲，绵羊化石最早出现在维拉弗朗层，之后零星出现在其他更新世地层。与其他哺乳动物类似，冰河时期的绵羊体型较大，之后被小型羊（体型与摩弗伦羊类似）取代。至今许多学者都认为绵羊最初驯化地在西亚的新月沃地。

就我国绵羊起源而言，我国现有绵羊品种与野生绵羊最可能有血缘关系的应属阿尔卡羊（乌利尔羊的一个亚种）和盘羊及其若干亚种。张仲葛（1986）和谢成侠（1985）认为，阿尔卡羊（赤盘羊）和盘羊及其若干亚种与我国现代家养绵羊最可能有血缘关系。冯维祺（1987）发现，分布于内蒙古的蒙古羊和青海西藏地区的藏羊在头型、角型和体型外貌等方面具有较大差异，推断我国绵羊的起源可追溯到阿尔卡羊和盘羊。常洪和郑惠玲（1996）认为，乌利尔羊、盘羊和摩弗伦羊对我国绵羊血统均有贡献。罗玉柱等（2005）我中国 9 个绵羊群体和蒙古国 24 个绵羊群体的线粒体 DNA（mitochondrial DNA，mtDNA）D-Loop序列进行系统发育分析的结果显示，我国和蒙古国绵羊均有 3 个母系起源；对 91 个绵羊品种进行网络关系分析后，没有发现羱羊、盘羊和东方盘羊对我国和蒙古国家养绵羊有遗传贡献的证据。结合我国河北武安磁山遗址出土的迄今为止中国最早的羊骨（可上溯到 8 000 年前），以及我国河南省新郑市裴李岗村、陕西省西安市浐河东岸、陕西省西安市临潼区城北等新石器时代遗址出土的羊骨或陶羊可以肯定，我国家养绵羊驯化起源与中亚"新月形地带"驯化中心的驯化绵羊较为一致，而具有争议的部分家养绵羊有可能是其他独立驯化的结果（冯维祺，1987）。总之，根据遗址出土的骨骼形态及野生盘羊与家养绵羊间无繁殖障碍的事件，就断定中国家养绵羊起源于盘羊为时尚早，原因有 3 个：①野生绵羊及亚种的分类归属尚无定论；②家养绵羊与野生绵羊杂交可繁育正常后代，理论上并不能作为判断是否存在血缘关系的唯一证据；③形态学比较研究的主观影响因素较大，尚需其他证据证明，而分子遗传学的研究结果则更使绵羊的驯化难以解释，因为公开报道的研究结果与上述的考古学、古生物学、解剖学及染色体核型分析不尽相同，甚至有相悖之处。

（二）世界绵羊的分类与分布

全世界现有记录的绵羊品种约 1 000 个，其中，灭绝品种达 180 个，现有绵羊品种 800 多个，且这一数据还处于动态变化中，不断有新品种育成与老旧品种消失。由于品种繁多，因此为便于研究和应用，动物学家和畜牧学家对绵羊和山羊进行了分类。绵羊品种的分类方法有很多，现主要介绍目前国内外畜牧生产中普遍运用的分类方法。

1. 按所产羊毛类型进行分类　　根据绵羊所产羊毛类型分类的方法是由 M. E. Ensminger 提出的，可将绵羊品种分成以下六大类。

（1）细毛型品种　如澳洲美利奴羊、中国美利奴羊等。

（2）长毛型品种　原产于英国，体格大，羊毛粗长，主要用于产肉，如林肯羊、罗姆尼羊、边区来斯特羊等。

（3）中毛型品种　这一类型品种主要用于产肉，羊毛品质居于长毛型品种与细毛型品种之间，如南丘羊、萨福克羊等。它们一般都产自英国南部的丘陵地带，故又有"丘陵品种"之称。

（4）杂交型品种　指以长毛型品种与细毛型品种为基础杂交所形成的品种，如考力代羊、波尔华斯羊、北高加索羊等。

（5）地毯毛型品种　如德拉斯代羊、黑面羊等。

（6）羔皮用型品种　如卡拉库尔羊等。

上述绵羊品种分类方法，目前在西方国家被广泛采用。

2. 按生产方向不同进行分类　根据绵羊主要的生产方向可把具有同一生产方向的绵羊品种概括在一起，便于说明、选择和利用。但这一方法亦有缺点，就是对于多种用途的绵羊，如毛肉乳兼用型绵羊，在不同国家往往由于使用重点不同，归类亦不同。这种分类方法，目前在中国、俄罗斯等国被普遍采用，主要分为以下几类。

（1）细毛羊

① 毛用细毛羊　如澳洲美利奴羊等。

② 毛肉兼用细毛羊　如新疆细毛羊、高加索羊等。

③ 肉毛兼用细毛羊　如德国美利奴羊、南非美利奴羊等。

（2）半细毛羊

① 毛肉兼用半细毛羊　如茨盖羊等。

② 肉毛兼用半细毛羊　如边区来斯特羊、考力代羊、波德代羊等。

③ 粗毛羊　如西藏羊、蒙古羊、哈萨克羊等。

④ 肉脂兼用羊　如阿勒泰羊、吉萨尔羊等。

⑤ 裘皮羊　如滩羊、罗曼诺夫羊等。

⑥ 羔皮羊　如湖羊、卡拉库尔羊等。

⑦ 乳用羊　如东佛里生羊等。

3. 按照尾型与尾脂含量进行分类　绵羊不同品种的尾椎骨数目差异较大，含7～36枚尾椎。根据其尾巴中是否越过飞节而命名为长尾、短尾；根据其尾巴中是否含有大量脂肪而命名为瘦尾羊、脂尾羊。具体分为以下五类。

（1）臀脂型绵羊　如阿勒泰羊、哈萨克羊。

（2）长脂尾型绵羊　如兰州大尾羊、大尾寒羊。

（3）短脂尾型绵羊　如小尾寒羊、湖羊。

（4）长瘦尾型绵羊　如细毛羊、萨福克羊、陶赛特羊。

（5）短瘦尾型绵羊　如藏羊。

我国绵羊饲养已有 8 000 多年的历史，品种资源丰富。根据其主要的生物学特性，可将绵羊分为三大系，即蒙羊系、藏羊系和哈萨克羊系。我国地方良种都是以此为基础，在特定的生态环境中经过长期选育而形成的。截至 2017年，我国绵羊存栏量为 1.43 亿只，绵羊肉产量、羊存栏量及出栏量均居世界首位。《中国畜禽遗传资源志　羊志》共收集地方品种及培育品种 63 个，其中地方绵羊品种经过劳动人民长期的驯化选择，具有很多的优良特性，为进行绵羊遗传基础研究及遗传改良提供了良好的种质资源。中国农业科学院北京畜牧兽医研究所建立的"家养动物种质资源平台"网络数据库收录了我国地方良种及培育绵羊品种共计 64 个。我国地方良种绵羊产肉性能均较差，在当前以肉羊为主导的生产体系中，各种无序的杂交与串配种难免造成一些地方良种遗传资源的丢失，部分品种群体数量急剧下降，面临濒危灭绝的状态。

二、品种资源现状

（一）阿勒泰羊的品种培育

阿勒泰羊的起源早远，具体的确切时间难以考证。由于其外貌特征与哈萨克羊非常相似，养羊界历来公认其是古老的哈萨克绵羊品种中的一个优良分支，史料记录早在公元前就为哈萨克族的祖先乌孙人所饲养。阿勒泰羊体质结实、骨骼健壮、全身肌肉发育良好，其体型显著大于哈萨克羊。《新唐书》等史书上记载，"西域出大尾羊，尾房广，重 10 斤。"唐朝贞观年间，福海大尾羊曾被作为贡品献给唐朝宫廷，被誉为"新疆羊大如牛，尾大如盆"，所赞誉的就是阿勒泰羊。另有"在北宋大中祥符·天禧年间，龟兹可汗遣使几次向宋朝进贡香药、花蕊、布匹、名马、独峰驼、大尾羊"的史料记载，其中"大尾羊"指的亦是阿勒泰羊。

阿勒泰羊是在复杂而又严酷的环境条件下，由当地哈萨克族人民培育出的、对当地自然生态环境具有较强适应能力的优良地方品种，具有耐粗饲、抗寒、抗逆性强、生长发育速度快、肉脂生产性能高（主要以臀脂形式贮存，曾创下臀脂重 35 kg 的世界纪录）等特点。主要产地为阿勒泰地区的福海县、富蕴县和清河县，羊群基本上以四季长途转移放牧、自繁自育为主，至今仍保持着哈萨克羊的典型特征。阿勒泰羊肥大的脂臀是生态恶劣、冬季严寒的地理环境下长期进化与选择的结果。当地生态环境条件的一个显著特点是冬季严寒而漫长，四季放牧场牧草供应的营养极不平衡。当夏季凉爽牧草丰茂时，阿勒泰羊能够在臀部积蓄大量脂肪，以保证秋、冬季节天寒草枯、牧草营养不足时可以维持机体正常的新陈代谢和体温。同时，当地牧民为抵御产区寒冷的气候，需要食用较多的肉和脂肪，故长期重视体格大、脂肉生产性能优良的个体羊的选择，这使得阿勒泰地区繁育的绵羊有别于其他地区的哈萨克羊而成为一个独特的地方良种——阿勒泰羊。阿勒泰羊自1958年以来经过多次命名，1976年新疆维吾尔自治区将其正式定名为"阿勒泰大尾羊"，1990年又被新疆维吾尔自治区最终更名为"阿勒泰羊"。

（二）阿勒泰羊的产区分布及自然生态条件

1. 中心产区及分布　阿勒泰羊的主要产区在新疆北部的福海县、富蕴县和清河县，分布在布尔津县、吉木乃县及哈巴河县。但是随着引种和场间及区间的交流，阿勒泰羊现在北疆地区基本都有分布。在传统的游牧模式下，阿勒泰羊能够终年放牧。

2. 产区自然生态条件　阿勒泰羊是脂肉兼用的优良地方品种羊，其形成与阿勒泰地区的气候条件、草地资源及当地人民的生产方式密切相关。阿勒泰羊遗传性能稳定，生产性能优良，体格较大，体质坚实，肌肉丰满，生长速度快，早熟性强，肉质鲜嫩，无膻味，耐粗饲，能长途跋涉，适应性强，是哈萨克牧民在长期生产实践中经过自然选择和人工选育的地方优良品种。其产区地处阿尔泰山（海拔 1 500～2 500 m）的中山带，年平均气温 4.0 ℃，最高气温 41 ℃，最低气温 −42.7 ℃。年无霜期平均约 147 d。这一地带气候凉爽，雨量较多，年平均降水量 121 mm，集中在 4—9 月。年平均相对湿度 50%～70%，平均风力 3 m/s。年平均日照 2 788 h。9 月开始降雪，次年 3 月初雪开始融化，积雪期达 200～250 d，冬季积雪厚度 15～20 mm，积雪为羊群的唯一饮水来源。水源来自额尔齐斯河、乌伦古河、乌伦古湖、福海水库、地下水。产区土质良好，多为潮土、草甸土、棕钙土，以中性土壤为主，pH 为 7～10。

中心产区福海县可利用草场总面积大约为 150 万 hm²，人工草地以种植苜蓿为主，面积达 8 000 hm²。夏草场是森林与草场混杂区，牧草产量高、品量好。春、秋牧场位于海拔 800～1 000 m 的山前平地及 600～700 m 的山前平原。由于冬季牧场主要在本地区南部萨乌尔山的河谷地带和准噶尔盆地的陆沙丘地带，不能满足羊只在冬、春季的营养需要，因此需要进行补饲。

第二节 阿勒泰羊产区社会经济及养羊业情况

一、牧业结构

（一）牧业人口结构

阿勒泰地区位于新疆维吾尔自治区北部，地处欧亚大陆中心腹地，远离海洋，属于中温带大陆性气候区。冬季漫长而寒冷，夏季短促。东部与蒙古国接壤，西部、北部与哈萨克斯坦、俄罗斯交界，西南部以萨吾尔山山脊线与乌伦古湖南岸草原同塔城地区毗连，南部在古尔班通古特沙漠，北部与昌吉州交界。隶属于伊犁哈萨克自治州，下辖一市六县一管委会（即阿勒泰市，布尔津县、哈巴河县、吉木乃县、福海县、富蕴县、青河县，喀纳斯景区管理委员会），54 个乡镇，4 个国有农牧场，境内有兵团农十师的 10 个团场和自治区驻阿企事业单位。阿勒泰地区是一个多民族聚居地，有哈萨克族、汉族、回族、维吾尔族、蒙古族等 36 个民族。民族人口分布呈现"大杂居、小聚居"的特点，其中少数民族占 58.5%，仅哈萨克族人口就占阿勒泰地区总人口的51.59%，是典型的一个以哈萨克民族为主体的少数民族边境牧区。

（二）养羊业发展概况

阿勒泰地区养羊业具有悠久的历史，早在东汉时期，就有"庐帐而居，逐水草，颇知田作"的历史记载。中华人民共和国成立后，阿勒泰地区各族人民在党和政府的领导下，贯彻执行发展畜牧业的方针政策，尤其是改革开放以来，该地区畜牧业有了一定的发展和提高。截至 2017 年，养羊业占比地区畜牧业总量超过 70%，羊存栏数量达到 234.24 万只，其中山羊存栏 30.84 万只、绵羊存栏 203.4 万只。阿勒泰羊大约占总存栏量的 60%，存栏量达 120万只，其次为哈萨克羊、巴什拜羊。

二、养羊业发展的现状与存在的问题

阿勒泰地区的主体民族为哈萨克族，牛肉、羊肉、牛奶、羊（牛）毛等产

7

品是构成其日常生活的主体。阿勒泰地区发展养羊业有一定区域优势，以富蕴县、福海县和青河县优势最为明显，引进专门化肉用、多胎和毛肉兼用型品种，加大品种改良力度，从整体上提高羊的品质，绵羊良种率达 70%。养羊分为草原放牧、农牧结合区养羊及农区全舍饲养羊 3 种模式。

（一）养羊业发展现状

阿勒泰地区自古采取"逐水草而居，靠天养羊"，形成一年四季在自然草场上游牧的生产方式。中华人民共和国成立后，人民政府在阿勒泰地区不断加大牧业基础设施投入，建设牧民定居、牲畜棚圈、人工配种站、接羔育幼圈，投资修建沟通不同季节草场的牧道、桥梁，以及打井、筑塘坝、修水库，围栏改良自然草场，开发建设人工草场，逐年对传统畜牧业生产条件、生产组织形式进行现代化升级与改造。如今，阿勒泰地区畜牧业生产已转变成为先进的现代草原畜牧业生产方式，牧民生活条件不断改善，生产效益不断提高。

1. 养羊的生产模式　牧民依托现有的生产设施，利用承包 50 年的自然草场，夏、秋季在草场上放牧，冬、春季在定居点用放牧加补饲的饲养方式饲养牲畜。农区主要采用集体草场、农田林带、荒地、路边地头放牧和圈舍补饲饲养结合的方式（阿肯·阿斯别克，2016）。

2. 组织形式　牧业转场、疫病防治、牲畜配种、抗灾保畜、大型基础建设等项目基本上都是在各级政府部门及技术部门的统一安排下，按计划进行。

3. 养羊业生产环节　阿勒泰地区畜牧业生产中的各个环节都是根据该区气候变化及畜牧业生产实际制定的，已逐渐形成了比较完善的一套标准流程。

（1）冬季牧场的转场及利用　转场时间是每年冬季，羊群从 12 月进入乌伦古、额尔齐斯河谷、萨吾尔山、北塔山和南沙漠等地冬季牧场，利用时间为 4 个月左右。出冬牧场根据各自的接羔地点、距离分先后转出。

在冬、春转场过程中，受产羔时间和抢冰过河的制约，必须将羊群驱赶越过两河之间大戈壁上的少草地带和萨吾尔山以北的沙漠草场（吉木乃县北部沙窝），转场过程会造成人羊极度疲劳，瘦弱牲羊因饥饿疲乏不能抵抗寒流天气，一遇风寒易造成瘦弱羊大批量死亡（阿肯·阿斯别克，2016）。

（2）其他主要生产环节　冬羔在冬牧场定居点接羔育幼，春羔于每年的 4 月至 5 月中旬在春牧场产羔育幼；6 月剪毛、药浴、投药驱虫；7 月初进入夏天牧场抓膘。进入夏牧场后，部分人员回到牧业定居点打草、修圈；8 月剪秋毛，8月下旬至8月底开始从高山向下转移；9月底出夏牧场；10月至11月底肥羔从秋牧场大批出栏，同时进行配种；12月全部生产羊群进入定居点的冬牧场越冬（阿肯，2016）。

（二）羊业发展方面存在的问题与建议

1. 在养殖的过程中存在的问题

（1）品种退化，保种压力巨大　对阿勒泰羊的发展思路不清晰、认识不足、概念模糊，而片面看重区外和国外品种，盲目引进外来品种进行杂交，没有考虑到外来品种在当地的适应性、抗病力，这种盲目的、无序的杂交对阿勒泰羊品种遗传资源造成威胁。如果不能及时对其进行定向品种改良和基因保护，很多优良遗传基因将会丢失，其品种也会因此而面临濒危的险境。

（2）天然草场过载，草场退化较为严重　阿勒泰地区人口不断增长，羊的存栏量也在不断增加，大大超出了天然草原的承载能力，草场出现严重退化现象，畜牧业难以可持续发展。

（3）基层部门从业人员科技能力不足　基层畜牧兽医管理与技术推广部门服务能力不足，畜牧基础设施条件较差，从业人员科学文化素质整体不高，肉羊生产实际发展需求与现有科技支撑能力不相适应。

（4）产业链延伸不够，畜产品附加价值不高　表现在生产、加工和销售等各个环节相互脱节、各自为战，没有形成具有一体化优势的完整产业链；各环节利润分配不均、抵御市场风险的能力较弱；此外，为数不多的从事阿勒泰羊羊肉加工企业，规模普遍较小，大都停留在分割包装上，对肉品的加工深度不足，产品附加值很低；品牌意识淡薄，无法实现高端市场的开拓。

2. 发展阿勒泰羊产业的建议

（1）利用全基因组选择、分子辅助育种与常规育种等技术相结合的方法培育新品种，培育低脂、肉用性能优良、抗病、适应能力强的肉用阿勒泰羊新品种，提升阿勒泰羊胴体的市场价值。

（2）加强对天然草场的管理，根据草场退化情况采取限牧或分批次轮牧的措施，抑制天然草场退化趋势，加快天然草场的恢复，从而实现牧草对本地区畜牧业可持续性发展的支撑作用。

（3）加大对人工牧草种植产业的支持力度，对种植牧草的农户进行补贴，增加牧草种植面积与产量。此外，充分挖掘与开发农副产品饲料资源，彻底拔除因冬、春季节草料缺乏而制约养羊业发展的这一"瓶颈"问题。

（4）培育本地区集收购加工、冷藏保鲜、分割销售为一体的综合性新型龙头企业。依靠龙头企业的带动作用，依托"公司＋农户"的模式将千家万户的小农生产导入大市场。此外，延长产业链条，企业主导养羊业一体化经营模式，对品种、饲料供应、养殖、防疫、加工、物流配送、销售等统筹安排，实现羊肉生产的统一化、标准化、规模化、专业化管理，尽量减少中间环节，降低交易费用，这样可以有效增加农户抵御市场风险的能力，实现利益共赢。此外，还可以让企业与食品研究所等科研机构相结合，提高企业技术改造和技术创新的能力，充分利用阿勒泰地区羊肉产品污染少、无公害、地方风味独特的优势，致力于打造草原绿色品牌，开展肉羊生产线集中屠宰和精细深加工工作，提升产品附加值，积极开拓高档羊肉的市场份额，针对南北疆、国内国际市场，实行差异化营销。同时，政府可以通过政策倾斜，吸引国内外资金、人才和技术投入到新疆肉羊产业发展中，积极扶植和培育本土肉羊深加工龙头企业，并利用各种媒体宣传提高知名度，支持这些企业参加各种各样的展销活动和国家名牌产品认证，努力推动阿勒泰地区肉羊产业步入高度环保、绿色的良性循环轨道。

（5）由政府主导，大力培训技术型人才与高素质养羊从业者，提升养羊产业从业者整体素质和科技支撑产业发展能力。

（6）提高对阿勒泰羊品种保护、利用、选育工作的认识，由地方畜牧管理部门系统规划与统一管理、统一选育目标，选留毛色整齐、体重相对较大、体型外貌一致的公、母羊建立选育核心群，淘汰有传染病及遗传病的个体。建立核心保种群、扩繁群、商品群的三级繁育体系。核心群的母羊要营养良好，与品质最好的公羊选配，系谱档案全面，育种资料翔实、可靠。高强度选择，淘汰羊进入扩繁群或进入商品群。扩繁群的羊饲养管理良好，品质优良。如果发现品质退化的羊，则直接将其淘汰并进入商品群。

（新疆农垦科学院甘尚权、徐梦思和孔维欢　编写）

第二章
阿勒泰羊的品种特征和生产性能

第一节　阿勒泰羊体型外貌

一、外貌特征

阿勒泰羊属肉脂兼用型粗毛羊，肉脂兼用体型明显，体格大，体质坚实。体躯宽深，肋骨拱圆，鬐甲"十"字部平宽，背腰平直。头型、额适中，多耳大下垂，颈中等长；公羊鼻梁隆起，具有大的螺旋形角；母羊鼻梁稍有隆起，约有 2/3 个体有角。四肢高大结实，股部肌肉丰满，肢势端正，蹄质坚实。脂臀宽大而肥厚，平直或稍下垂，下缘中央有浅纵沟，外观呈方圆形，脂肪蓄积丰满，向腰角及股部延伸。身躯被毛以棕红色或浅棕红色为主。

二、毛色和毛质

阿勒泰羊被毛棕红色或浅棕红色，部分头部黑色或黄色，也有部分个体身体为花斑，纯黑和纯白的个体不多见。阿勒泰羊鼻镜颜色多为深褐色，部分有粉色花斑，眼睑颜色多为褐色。阿勒泰羊为异质毛被毛，混合毛质差，干、死毛含量较多。

第二节　阿勒泰羊生物学习性

一、常规生理指标

魏彬和刘志强（1997）对 4～5 岁健康的阿勒泰羊生理常值进行了测定。结果表明，阿勒泰羊公羊、母羊的生理常值趋于一致。红细胞数量多，体积小

（表 2-1）。

表 2-1　阿勒泰羊生理常值

指　标	性　别	数　量	数　值	变异系数（CV）
呼吸次数（次/min）	♂	33	32.64±8.31	25.47
	♀	31	36.12±6.40	17.73
心率（次/min）	♂	32	81.78±7.38	9.03
	♀	31	83.25±8.3	9.97
肛温（℃）	♂	33	38.99±0.32	0.81
	♀	31	39.13±0.31	0.79
红细胞数量（10^4 个/mm^3）	♂	33	923.04±44.92	4.86
	♀	31	833.42±67.51	8.1
血红蛋白含量（g/100 mL）	♂	33	11.71±0.45	3.87
	♀	31	10.38±0.61	5.92
红细胞平均血红蛋白量（pg）	♂	33	12.67±0.67	5.30
	♀	31	12.47±1.25	10.08
红细胞平均体积（fL）	♂	33	38.18±2.70	7.08
	♀	31	41.34±4.49	10.88
红细胞平均血红蛋白浓度（%）	♂	33	33.32±1.77	5.33
	♀	33	30.60±2.77	9.06
血小板数量（10^4 个/μm^3）	♂	33	62.40±17.38	27.85
	♀	31	62.14±15.35	24.7
凝血速度（s）	♂	33	402.49±77.15	19.16
	♀	31	363.48±98.35	27.05
白细胞计数（10^4 个/mm^3）	♂	33	9.76±1.86	19.10
	♀	31	10.91±2.75	25.28

二、适应性

适应性是由多性状构成的复合性状，主要包括耐粗、耐渴、耐热、耐寒、抗病、抗灾度荒等方面的表现。这些能力的强弱，不仅直接关系羊生产力的发挥，同时也决定着各品种羊的发展命运。阿勒泰羊具有合群性强、嗅觉灵敏、喜干厌湿、食物谱广等生活习性，尤其具有适应性强、耐饥渴、抗严寒、抗灾度荒能力强等特点。

1. 生态适应性　阿勒泰羊耐粗饲，抓膘能力强，适应荒漠、半荒漠的生态环境。在极端恶劣条件下，阿勒泰羊具有较强的生存能力，采食饲草种类广泛，能依靠粗劣的秸秆、树叶维持生存不掉膘；阿勒泰羊产区冬季寒冷，温度可达－30 ℃，且常有暴风雪袭击。但在冬牧场上的羊群，可在枯草、寒冷的环境中，夜间露天卧圈，一般都能安全过冬。阿勒泰羊不但抗严寒，而且对炎热环境也有较强的适应能力，在炎热的夏季也能保持较好膘情。阿勒泰羊的耐渴性较强，在春、秋转场时，行走在干旱缺水的戈壁牧场上，可 2 d 饮一次水，照常转场，表现了极强的适应能力。

2. 善于游走，易于放牧　阿勒泰羊四肢刚劲有力，能长途跋涉，既可在林带、沟渠边采食，又能在滩涂地及田边地角采食，适应终年放牧条件。阿勒泰羊长年四季游牧，日行 10～20 km 而不影响采食。不但成年羊如此，刚出生不到 1 个月的幼羔也能和大羊一起转场。阿勒泰羊夏季放牧于阿勒泰山的中山带，海拔 1 500～2 500 m，春、秋季牧场位于海拔 800～1 000 m 的前山带及 600～700 m 的山前平原，冬季牧场主要在河谷低地和沙丘地带。

3. 抗病性能强　放牧及舍饲条件下的阿勒泰羊，只要能吃饱饮足，全年发病较少。在夏、秋膘肥时期，对疾病的耐受能力较强，阿勒泰羊一般不表现症状，有的临死还勉强吃草跟群。而且在枯草、严寒、暑热的环境中很少生病，与其他品种羊相比抗病能力极强。

三、生长发育特点

阿勒泰羊生长发育速度快、早熟、产肉能力强，能适应终年放牧。4 月龄一级羔羊，公羔平均体重可达 40 kg，母羔平均体重可达 38 kg；在暖季全靠天然草场放牧，不加任何精饲料也可获得很高的饲料转化率。2 月出生的冬羔上山放牧，10 月份下山 8 月龄公羔不加精饲料的情况下体重可达60 kg 左右；3 月出生的早春羔 7 月龄体重可达到 45 kg 左右。1.5 岁公羊体重约为 70 kg，母羊体重约为 55 kg。

四、消化生理特点

阿勒泰羊嘴较尖，唇薄而灵活，牙齿锐利，咀嚼肌发达，咀嚼有力，采食秸秆饲料的能力强。据测定，阿勒泰羊胃总容积平均 29.6 L，其中瘤胃 23.2 L，瘤胃微生物中种群结构丰富，小肠长度一般为羊体长的 26 倍左右。

1. 反刍　反刍是羊的重要消化生理特点，停止反刍是疾病的征兆。草食动物在短时间内采食的大量牧草，经瘤胃浸软、混合、发酵后，破逆呕到口腔中，并反复咀嚼和再咽下，如此反复进行。羔羊在哺乳期间，吮吸的母乳不通过瘤胃，而经瘤胃食管沟直接进入皱胃，不进行反刍，在哺乳早期补饲易消化的植物性饲料，可促进瘤胃发育和提前出现反刍行为。自然喂养条件下，阿勒泰羔羊35～42 d出现反刍行为。

阿勒泰羊反刍与其他绵羊一样，多发生在采食后。通常在采食半小时后开始反刍，每次反刍时间持续40～60 min，每个食团咀嚼次数50～70次，每昼夜反刍8～12次。反刍时间的长短与采食饲草料的种类、品质、调制方法、羊只个体状况等密切相关，饲料中粗纤维含量愈高反刍时间愈长，在灾荒季节阿勒泰羊反刍时间和次数明显上升。过度疲劳、患病或外界强烈刺激，会造成反刍紊乱，甚至停止。

2. 瘤胃微生物作用　瘤胃微生物与羊是一种共生关系。由于瘤胃环境适合微生物的栖息和繁殖，因此瘤胃中存在大量微生物，这些微生物主要是细菌和纤毛虫。瘤胃微生物在正常情况下能保持较稳定的区系活性，采食过多精饲料或突然大范围改变饲草料，都会引起羊的消化功能紊乱。

瘤胃是消化饲料碳水化合物，尤其是粗纤维的重要器官，其中瘤胃微生物起主要作用。在瘤胃的机械作用和微生物酶的综合作用下，纤维素最终被分解为低级挥发性脂肪酸，同时释放能量。羊采食的饲料中70%～95%的粗纤维是在瘤胃中被消化的；饲草料中的蛋白质，通过瘤胃微生物分泌酶的作用，被分解为肽、氨基酸和氨，而非蛋白氮（尿素等）也被分解为氨，这些分解的产物被瘤胃微生物利用并合成微生物蛋白质，瘤胃微生物在饲草料发酵过程中可以合成B族维生素和维生素K。

第三节　阿勒泰羊生产性能

一、繁殖性能

阿勒泰羊生长发育速度很快，性成熟早，公羊4～5月龄达到性成熟，母羊5～6月龄达到性成熟，初配年龄为公羊1.2岁，母羊1.5岁；母羊一般在7—12月发情，配种方式以自然交配为主，公、母比例为1：（40～50）；母羊发情周期16 d，发情持续期平均45.10 h。妊娠期平均为152 d，产羔率在

100%～110%。出生重公羔为（5.2±0.33）kg，母羔为（4.82±0.18）kg；羔羊成活率达99%以上。种公羊单次采精量在2 mL左右，精子密度高，活力达90%以上。采用鲜精液进行人工授精，受胎率可达98%以上。

二、生长性能

1. 成年羊生长性能　阿勒泰羊属肉脂兼用型粗毛羊。王大星和徐冬（2009）对阿勒泰羊（成年）体重体尺性状进行了测定（表2-2）。由表2-2可见，成年种公羊平均体重可达98 kg，体高平均可达100 cm；成年繁殖母羊平均体重可达77 kg以上，体高可达70 cm。

表2-2　阿勒泰羊（成年）体重体尺测定结果

性别	数量	体高	体斜长（cm）	胸围（cm）	胸深（cm）	胸宽（cm）	脂臀长（cm）	脂臀宽（cm）	体重（kg）
♂	20	100.50±8.23	79.40±6.48	113.25±6.61	39.40±4.25	28.90±3.81	20.60±1.71	35.90±2.96	98.33±8.23
♀	79	70.30±4.59	79.64±3.01	96.64±3.70	35.28±3.55	25.35±1.07	11.10±0.89	23.43±1.07	77.08±7.96

注：数据以"$X \pm S$"表示。

资料来源：王大星等（2009）。

2. 羔羊生长性能　阿勒泰羊羔羊生长发育速度快且早熟性突出，在暖季全靠天然草场放牧，不加任何精饲料也可获得很高的饲料转化率。一级4月龄公羔、母羔体重可达40 kg和38 kg，二级4月龄公羔、母羔体重可达35 kg和30 kg以上。哈德肯·库巴干和邵伟（2015）测定了冷季补饲时阿勒泰羊及羔羊的生长性能发现，羔羊生长发育高峰期在30～60日龄，随后由于羔羊哺乳不足，体重增幅放缓（表2-3）。羔羊出生后10～20日龄平均日增重275 g，20～30日龄平均日增重355 g，30～60日龄平均日增重356 g，60～90日龄平均日增重286 g，90～180日龄（断奶）平均日增重213 g，断奶后平均日增重可达200 g以上。在冷季妊娠母羊及羔羊均不进行补饲的情况下，4月龄羔羊体重平均达33.6 kg，体高达62 cm；妊娠母羊及羔羊均在补饲情况下，4月龄羔羊体重平均达39.8 kg，体高达68.6 cm，羔羊在90～120日龄体重亦具有较快的增长（表2-3和表2-4）。

表 2 - 3　羔羊体重测定结果（kg）

组别	0	15 d	30 d	60 d	90 d	120 d
正常组	2.91±0.44	4.35±0.62	10.76±1.31	24.26±2.92	28.43±3.64	33.58±3.95
补饲组	3.28±0.53	5.68±1.11	15.61±2.0	20.90±1.29	31.35±1.23	39.78±1.79

资料来源：哈德肯·库巴干等（2015）。

表 2 - 4　羔羊体尺指标测定结果（cm）

指标	组别	0	15 d	30 d	60 d	90 d	120 d
体高	正常组	25.03±1.52	32.50±2.13	38.42±1.76	42.34±2.05	49.49±3.52	62.05±1.38
	补饲组	28.39±3.26	33.73±3.72	42.62±3.26	49.99±3.20	58.84±5.04	68.64±4.30
体长	正常组	25.67±1.47	32.04±1.35	38.02±1.65	42.83±1.88	52.97±2.61	62.27±1.39
	补饲组	31.93±2.72	37.71±3.21	45.82±3.39	52.42±4.23	60.59±4.86	70.44±3.85
胸围	正常组	28.46±3.35	33.97±3.48	39.49±3.72	47.45±4.85	57.20±4.39	64.27±3.16
	补饲组	33.44±2.56	41.65±3.77	51.46±4.18	60.80±3.88	73.51±2.63	83.90±2.98
管围	正常组	3.31±0.41	4.00±0.46	4.70±0.52	5.36±0.57	6.15±0.50	7.09±0.37
	补饲组	4.07±0.26	5.09±0.52	6.06±0.34	6.93±0.30	7.33±0.32	8.68±0.45

资料来源：哈德肯·库巴干等（2015）。

三、育肥性能

阿勒泰羊抓膘育肥速度快，平均日增重在 200 g 以上。阿勒泰羊冬羔、早春羔可以不上山放牧，在定居点舍饲育肥后暖季出栏，也可上山放牧育肥。此外，充分利用水草丰盛的牧场放牧，阿勒泰羊产羔后能迅速抓膘，恢复体质。据测定，母羊过冬后（4 月）在不加任何饲料的情况下到 6 月中旬可增重 10 kg 左右，平均日增重 212 g；平均体重 38 kg 的 5 月龄羔羊，经 30~45 d 的育肥，体重可达到 45~50 kg（陶卫东等，2007）。

四、产奶和毛用性能

阿勒泰羊被毛以粗毛为主，羊毛主要用于擀毡。在春季和秋季各剪毛一次，羔羊则在当年秋季剪一次毛。平均剪毛量成年公羊为 2 kg，母羊为

1.5 kg。阿勒泰羊一个泌乳期126 d产乳量为（199±15.7）kg。

五、屠宰性能

阿勒泰羊屠宰率高，平均屠宰率为51%～54%。成年羯羊屠宰率平均达55%左右（陶卫东等，2007）。

阿勒泰羊胴体分割可按行业标准"羊肉分割技术规范（NY/T 1564—2007）"进行，主要分为羊肋脊排、腰肉、带臀腿、胸腹腩、羊颈等。

六、肉质性状

阿勒泰羊肉质鲜嫩、可口，膻味小。肌纤维特性是描述肉品质的一个重要指标，包括肌纤维直径、肌纤维密度、肌纤维面积比例、肌纤维类型、肌节长度、肌肉系水力、肉色等。5月龄阿勒泰羊公羊背最长肌肌肉剪切力为52.64 N，pH为5.87，水分含量为76.0%，肌内脂肪含量为2.07%，灰分含量为11.16（表2-5）。根据肌球蛋白ATP酶对酸碱稳定性的不同，分别将肌纤维分为3种类型，即Ⅰ型、Ⅱa型和Ⅱb型。阿勒泰羊Ⅱb型肌纤维数量多于Ⅰ型肌纤维数量，Ⅱb型肌纤维横截面积小于Ⅰ型肌纤维横截面积（努孜古丽·图尔荪等，2015）。

表2-5　阿勒泰羊不同肌肉的肉质比较

肉质性状	背最长肌	臂三头肌	股四头肌
肌肉剪切力（N）	52.64±8.14	44.04±8.05	50.64±15.12
pH	5.87±0.10	5.70±0.14	5.77±0.14
水分含量（%）	76.0±1.06	73.09±2.39	74.69±0.95
肌内脂肪含量（%）	2.07±1.39	2.25±0.43	2.31±0.15
灰分含量（%）	11.16±0.04	1.24±0.09	1.16±0.09

注：实验动物为6只5月龄阿勒泰羊公羊。

资料来源：努孜古丽·图尔荪（2015）。

第四节　阿勒泰羊品种标准

《阿勒泰羊》（NY/T 1816—2009）规定了阿勒泰羊品种来源、品种特性、外貌特征、生产性能、生产性能测定分级要求等，适用于阿勒泰羊的鉴定、分级、种羊出售或引种。

一、品种来源

阿勒泰羊是在哈萨克羊的基础上选育而成的肉脂兼用羊，因其原产地和种羊繁殖基地都在新疆福海，且尾臀硕大，而曾经被人们称为福海大尾羊。目前，阿勒泰羊的主要产区为新疆的福海、富蕴、清河、阿勒泰、布尔津、吉木乃及哈巴河等县（市）。

二、品种特性

阿勒泰羊属肉脂兼用粗毛羊。在终年放牧、四季转移牧场条件下，仍有较强的抓膘能力，具有耐粗饲、抗严寒、善跋涉、体质结实、早熟、抗逆性强、适于放牧等生物学特性。

三、外貌特征

阿勒泰羊肉脂兼用体型明显，体质坚实，体格大。整个体躯宽深，颈中等长，肋骨拱圆。部分个体头部呈棕黄色或黑色，耳大下垂。公羊鼻梁隆起，具有大的螺旋形角；母羊鼻梁稍有隆起，约 2/3 个体有角。臀"十"字部平宽，背平直。股部丰满。脂臀宽大而丰厚，平直或稍下垂，下缘中央有浅纵沟，外观呈方圆形，脂肪蓄积丰满，向腰角及股部延伸。腿高而结实，蹄质坚实，姿势端正。身躯被毛以棕红色或浅棕红色为主。

四、生产性能

1. 被毛品质　被毛属于异质杂色毛，毛被分上、下两层，有较明显的毛丛结构。

（1）毛长　有髓毛长 12 cm，无髓毛长 6 cm。

（2）细度　无髓毛为 21 μm，有髓毛为 42 μm。

（3）毛纤维类型重量比　绒占 60%，两型毛占 4%，粗毛占 8%，干死毛占 28%。

（4）净毛率　为 70%。

2. 体重、体尺及剪毛量　在终年放牧的条件下，于每年 9 月膘度最肥时，阿勒泰羊一级羊体重、体尺及每年 6 月剪毛量下限指标见表 2－6。

表 2－6　阿勒泰羊一级羊体重、体尺及剪毛量下限指标

| 羊别 | 体重（kg） | 体尺（cm） | | | | | | | | | | 剪毛量（kg） |
		体高	体长	胸围	胸宽	胸深	"十"字部宽	管围	脂臀长	脂臀宽	脂臀厚	
4 月龄公羔	40.0											
4 月龄母羔	38.0											
1.5 岁公羊	70.0	72.0	74.0	92.0	22.0	32.0	20.0	8.0	15.0	30.0	13.0	1.6
1.5 岁母羊	55.0	65.0	67.0	85.0	18.0	28.0	18.0	8.0	12.0	25.0	10.0	1.4
2 岁公羊	85.0	75.0	77.0	100.0	25.0	35.0	22.0	8.5	20.0	35.0	15.0	2.0
2 岁母羊	65.0	70.0	72.0	90.0	20.0	30.0	18.0	8.0	12.0	25.0	10.0	1.6

3. 屠宰率　平均屠宰率为 51％～54％。

4. 繁殖性能　初产母羊繁殖率为 103％，经产母羊繁殖率为 110％。

5. 初生重　公羔为 4.5～5.0 kg，母羔为 4.0～4.5 kg。

五、生产性能测定

各性能测定方法按照《绵、山羊生产性能测定规范》（NY/T 1236）执行。

六、分级要求

1. 4 月龄羔羊

（1）特等　体重超过一级羊品种规定最低指标 10％以上的羊，为特等。

（2）一级　体重、体尺及剪毛量等指标见表 2－6。被毛较密，毛色为棕红色、白色或其他浅色。

（3）二级　体型及脂臀发育良好。公羔体重≥35.0 kg 且≤40.0 kg，母羔体重≥30.0 kg 且≤38.0 kg。

（4）三级　生产性能低于二级下限指标要求。

2. 1.5 岁羊

（1）特等　体重、剪毛量超过一级羊品种规定最低指标 10％以上的羊，为特等。

（2）一级　见表 2－6。

（3）二级　公羊体重≥65.0 kg 且≤70.0 kg，母羔体重≥50.0 kg 且≤

55.0 kg。

（4）三级　生产性能低于二级下限指标要求的羊。

3.2岁羊　2岁鉴定为终生鉴定。

（1）特等　体重、剪毛量超过一级羊品种规定最低指标10%以上的羊，为特等。

（2）一级　见表2-6。

（3）二级　公羊体重≥80.0 kg且≤85.0 kg，母羔体重≥60.0 kg且≤65.0 kg。

（4）三级　生产性能低于二级下限指标要求的羊。

（石河子大学曾献存　甘肃农业大学袁玖　新疆农垦科学院张宾　编写）

第三章
阿勒泰羊品种保护

畜禽品种资源是人类社会可持续发展的重要物质基础，是现代社会生物科学研究与产业化的宝贵原材料，也是影响一个国家经济与未来的不可替代的自然资源，关系国家生物安全。家畜遗传资源保护是最近几十年针对遗传资源日益枯竭的形势提出的问题，其总目标是保持家畜遗传多样性，涉及品种、群体和个体三个层次。其中，品种是保护目标，群体是手段，个体为品种利用和群体改良提供素材。为了未来家畜育种事业的需要和人类的长远利益，对于一些生产性能低下、经济利用价值不高，但有特点、有潜在利用价值的品种资源进行保护非常必要。阿勒泰羊遗传资源不可再生，是经过长期选择培育出的优良地方品种，已成为阿勒泰地区畜牧业的主体产业。因此，加强阿勒泰羊品种的可持续利用，保护阿勒泰羊地方品种毋庸置疑、责任重大，对当地畜牧业的可持续发展有十分重要的意义。近十多年来，由于无计划地引种，阿勒泰羊本品种选育和保种工作跟不上，对该品种繁殖保存造成了极大的威胁。同时，由于品种需求、生态环境、选择因素等原因，该品种呈现逐渐下降趋势。急功近利、盲目乱改，会将这一通过千百年辛勤培育的宝贵原始地方遗传资源毁于一旦。因此，要积极保护阿勒泰羊品种资源；发挥其品种优势，使阿勒泰羊成为增加农牧民收入和发展当地畜牧业经济的优势产业及优质产品。

第一节　阿勒泰羊保种概况

一、品种形成及特征

阿勒泰羊形成历史悠久，约有 1200 年。据《新唐书》记载，当时唐朝管

21

辖的隶居出大尾羊，尾上磅重重 10 斤，有"新疆羊大如牛，尾大如盆"的赞誉。阿勒泰羊是在特定的自然生态环境条件下，经牧民长期选择和精心培育的地方良种，以体格大、肉脂生产性能高和适应性强而著称，是哈萨克羊种的一个分支。阿勒泰羊的主要产区集中在阿勒泰地区，该地区生态环境条件的一个显著特点是冬季严寒而漫长，四季牧场牧草供应的营养极不平衡。羊只在夏季凉爽、牧草丰茂的高山牧场放牧时，能在尾部蓄积大量脂肪，供天寒草枯、牧草营养不敷需要时，以维持机体新陈代谢和热量平衡之用。另外，当地牧民为抵御产区寒冷的气候，需要食用较多的肉和脂肪，因此长期重视体格大、肉脂生产性能优良的个体羊的选择，从而使阿勒泰地区繁育的绵羊有别于其他地区的哈萨克羊而成为一个独特的地方良种——阿勒泰羊。

二、品种资源现状

现阶段，阿勒泰羊品种数量呈逐渐下降趋势，主要与品质需求、生态环境、选择因素及遗传因素有关。草地是阿勒泰羊生产的重要基础，但因鼠虫害、人为破坏及载畜量过大等，草场退化严重，阿勒泰羊的生产已受到影响。同时，阿勒泰羊普遍存在近亲繁殖现象，致使其生理机能衰退，从而造成品种退化。另外，牧民使用不科学的选留种羊方法，这也是致使该品种生产性能退化的重要因素。

（一）遗传因素影响

虽然阿勒泰羊遗传性能比较稳定，但仍存在很多问题，如品种选育工作滞后、人工选育强度下降、血缘关系近等，这一系列问题导致阿勒泰羊品种不断退化。另外，盲目引入外来品种造成杂交乱配现象严重。20 世纪 90 年代，新疆为繁育细毛羊而在全地区各地每年用大量的细毛种公羊进行人工授精以改良阿勒泰羊，后因细毛羊价格下降又用本品种改回来；近 20 年来受市场需求的影响，又引入陶赛特、萨福克及小尾寒羊等品种，推广经济杂交，而又因缺乏种羊配种详细记录，使得本品种资源混杂不堪。

（二）生态环境影响

阿勒泰地区位于新疆维吾尔自治区最北部，是典型的草原畜牧业地区。全地区境内天然草原总面积 9.8×10^6 hm²，可利用草原面积 7.2×10^6 hm²。其中，

夏牧场草原面积为 $1.02×10^6$ hm²，春、秋牧场草原面积为 $2.6×10^6$ hm²。冬牧场草原面积为 $3.62×10^6$ hm²，共有 10 种草地类型。长期以来，由于过于追求草原的经济功能，矿业开发、工程建设、建旅游景区、采挖野生药用植物等行为使草地土壤结构变坏，保水保肥能力降低，毒、害草滋生蔓延；加之草原面积广、地点分散、路途遥远，因此给监督监管造成了一定困难，引起了草原超载和退化萎缩。

阿勒泰羊的生存环境日益恶化，气候长期干旱，草场退化严重，载畜能力下降，四季牧草供应不平衡。加之农区附近大量草地被开垦种植粮食作物，因此草场面积缩减，严重影响了阿勒泰地区畜牧业的进一步发展。近 20 多年来，新疆维吾尔自治区虽然在种植饲草、冬季补饲等方面做了大量工作，但阿勒泰羊常年驱赶放牧的简单粗放方式并没有得到有效改善，没有能力对畜产品进行深加工，至今还停留在卖全羊的生产水平，牧民很难收到很好的经济效益。

（三）选择因素影响

自然选择是羊只在自然环境条件下，老、弱、病、残等个体被淘汰而选留适应性强的个体的过程。此外，养羊业育种工作滞后，技术含量不高，生产者随意选留种羊等现象严重。因此，留作种用羊的育种品质差，后代性状变异显著。

三、保种概况

阿勒泰羊原始品种主要分布在福海县和富蕴县，在福海县齐干吉迭乡和富蕴县杜热镇分别建立了阿勒泰羊保种场，作为种羊培育基地，广泛开展阿勒泰羊的鉴定整群、自繁自育、提纯复壮等工作，使阿勒泰羊的质量、数量和效益均得到一定提高。

福海县为保护阿勒泰羊种质资源，把抓好阿勒泰羊提纯复壮和优质核心群建设作为发展当地现代畜牧业的重点工作，专门划定了阿勒泰羊品种遗传资源保护区，建立了阿勒泰羊选育基地，以选育棕红色毛色的阿勒泰羊为主，同时开展黑色阿勒泰羊品系的育种工作。福海县通过与新疆畜牧科学院合作，在该县齐干吉迭乡开展黑色阿勒泰羊种质资源保护工作，已建立黑色阿勒泰羊母羊核心群两群，每群有基础母羊 200 只。

富蕴县为加强阿勒泰羊核心群建设、规范种羊管理，于 2009 年注册成立了富蕴县阿勒泰羊繁育协会，同时建立了阿勒泰羊育种系谱档案；2010 年以阿勒泰羊繁育协会的名义申办了自治区种羊场和自治区级种羊生产经营许可证。协会成立后制定了阿勒泰羊选育工作的目标和任务，每年定期组织专业技术人员分赴各乡镇开展各项技术服务，并通过协会组织农牧民进行阿勒泰种羊生产工作。协会在乡镇下设 3 个分会和 70 余个种羊培育及育肥专业合作社，会员或社员数量有 0.9 万余名。2009—2011 年协会组建阿勒泰羊核心群 376群，2012—2013 年整合为 200 群。富蕴县以阿勒泰羊本品种选育为主，狠抓纯繁工作，制定了《富蕴县阿勒泰羊选种选育长期规划》。该规划明确了选育原则和组织措施，确保阿勒泰羊保种，不允许杂交改良，一级母羊要同特级种公羊配种，全面开展选种选配和人工输精等繁育技术工作，统一鉴定整群，不断提高选择强度，加快培育提纯力度，进一步提高良种化程度。到 2015 年阿勒泰羊当年出栏羔羊体重较 2013 年提高 2 kg，毛色一律为棕红色，阿勒泰羊种羊生产达到每年 5 万头只的规模。

富蕴县主要以阿勒泰地区畜牧局、阿勒泰地区畜禽繁育中心为技术指导，在新疆畜牧科学院项目的带动下，以保种场的技术人员为力量进行保种。按照新疆维吾尔自治区制定的种畜场育种规划，进行规范化管理，进行育种核心群组群、生产性能测定、选种选配、疫病净化、系谱档案建立、种畜鉴定分级、信息化管理等常规育种工作；完善种畜场养殖档案，实行育种规划审核备案制度，以实现阿勒泰羊育种工作实施的科学性和可操作性。

四、保种制度建设

阿勒泰羊于 1958 年被新疆维吾尔自治区定位为优良品种；20 世纪 60 年代，阿勒泰羊在全国种羊展览会上得到了专家们的一致好评，并列为保护和发展对象；1976 年被新疆维吾尔自治区正式命名为"阿勒泰大尾羊"；1981 年制定了阿勒泰羊品种标准；1984 年被新疆维吾尔自治区正式命名为"阿勒泰羊"；2004 年，阿勒泰地区质量技术监督局组织相关部门建立了阿勒泰羊标准体系；2008 年，经上级认证机构审定，阿勒泰羊获得了国家有机产品认证证书。

新疆维吾尔自治区为了更好地保护利用这些宝贵的种质资源，将阿勒泰羊品种列入新疆畜禽品种资源保护名录，建立了保种场、育种场、精子基因库、卵子基因库和胚胎库，用来保护迅速减少和濒危的种质资源，培育和饲养扩繁阿勒泰羊。新疆维吾尔自治区畜牧兽医局畜牧处给种羊场审核发放了种畜禽生产经营许可证,各养羊场制订了详尽、完善的育种规划和育种年度计划,以促进阿勒泰羊的利用和发展。国家也将阿勒泰羊列入国家级保护品种名录,支持和开展原种保种工作。在提纯复壮的基础上,阿勒泰羊的数量在逐渐增加。

第二节 阿勒泰羊保种目标

阿勒泰羊是新疆宝贵的绵羊品种,已成为阿勒泰地区畜牧业的主体产业,加强阿勒泰羊的保护和开发十分重要。发展阿勒泰羊产业,要立足于保护,着眼于开发,以保种为基础,持续保持阿勒泰羊的优良特性;以科技为手段,创新保种选育技术;以开发促保护,加大保护力度,健全区、市、县分级负责的保种投入机制。统一规划、统一保种,突出阿勒泰羊优良性能的保种,努力扩大该品种羊的种群数量,把阿勒泰羊这一我国著名地方良种保护开发推向一个新阶段。

一、保种主要思路

(一)统一选育目标,开展品种选育

以瘦脂尾、早熟、高繁殖力与产肉性能为选育改良方向,提高阿勒泰羊群体体型外貌和毛色的整齐度;选择体重相对较大、体型外貌一致的公、母羊建立选育核心群,开展选种选配工作,提高阿勒泰羊群体产肉性能;在本品种内部选择多胎型;积极发现品种内部的多胎基因,采取必要的育种措施防止有益基因漂移和丢失,不断稳固和提高品种质量;淘汰有传染病及遗传病的个体。

(二)确定选育方法,加强体系建设

1. 统一和确定鉴定方法 要求按综合指标进行选种,强调体重、繁殖率、瘦肉比例和被毛质量的提高。

2. 建立电子档案表 建立信息全面、完整、规范的电子档案表有利于对羊只信息进行收集及整理,在今后用数据处理乃至羊只追溯体系建设中都能做到有据可查。

3. 建立三级繁育体系 即建立选育核心群、扩繁群、商品群繁育体系。

要求核心群的羊只营养状况良好，与品质最好的公羊选配，系谱档案及全面育种资料翔实可靠。扩繁群的建设基础和力量薄弱，应加强阿勒泰羊扩繁场的建设。要求扩繁群的羊只饲养管理良好，各种品质优良。如果发现品质退化的羊，可将其归入商品群，进行出栏或育肥出栏。

4. 建立疫病防治体系　动物疫病、药物残留、屠宰加工流通过程中的污染是影响阿勒泰羊养殖及产品质量甚至市场竞争力的主要因素。因此，应大力推行标准化养殖及标准化生产，积极加强疾病的防治结合，切实彻底扭转病多、药多、残留多的局面。

（三）建立阿勒泰羊各种品系，加强品系繁育

品系是品种内具有共同特点、彼此有亲缘关系的个体所组成的遗传性能稳定的群体。它是品种内部的结构单位，通常一个品种至少应当有 4 个以上的品系，才能保证品种整体质量的不断提高。在品种选育过程中，同时考虑的性状越多，个体性状的遗传进展就越慢。但若分别建立几个不同性状的品系，然后通过品系间杂交，把这几个性状结合起来，对提高品种质量的效果就会好得多。因此，在现代绵羊育种中常常采用品系繁育这一育种技术手段。品系繁育，基本上包括以下三个阶段。

1. 组建品系基础群　根据阿勒泰羊群的现状特点和育种工作需要，首先要确定需要建立哪些品系，如黄头白系、棕红色系、小尾巴系、体格大系、多胎系等，然后根据血缘关系和表型特征组建基础群。

2. 闭锁繁育　品系基础群组建起来以后，不能再从群外引入公羊，而只能进行群内公、母羊的"自我繁殖"，即将基础群"封闭"起来进行繁殖。目的是通过这一阶段的繁育，使品系基础群所具备的品系特点得到进一步巩固和发展，从而达到品系的逐步完善和成熟。

3. 品系间杂交　当品系完善成熟以后，可按育种需要组织品系间杂交，目的在于结合不同品系的优点，使品种质量得以提高。

二、保种目标

目前有 2 个阿勒泰羊种羊保种场，主要为棕红色毛色品系，并辅以黑色毛系品系 2 个选育群。虽然有一些扩繁群，但存在羊群分散、规模小、缺乏正规的管理、系谱档案较混乱等问题。具体的保种目标如下：

（一）建立 4～5 个阿勒泰羊品系基础群

广泛开展阿勒泰羊的鉴定整群、自繁自育、提纯复壮和优质核心群建设等工作，5 年内（2019—2023 年）将建立棕红色系、小尾巴系、体格大系、多胎系、黑色系等品系，每个品系核心群数量能达到 500 只以上。

（二）扩建保种场

扩建原种羊场，并再建 1～2 个种羊场。改扩建原种场羊舍，新建隔离羊舍、饲料仓库、饲料加工场、青贮窖等，并配套主要生产及科研用仪器、设备等，用于科学饲养各个品系的核心种群。根据系谱进行选种选配，根据综合指数进行选择，控制近亲交配，采用家系等量留种，降低近交增量幅度，保证优良基因不丢失。

（三）纯种区建设

在政府的支持下，继续做大、做好阿勒泰羊各品系选育工作，结合区、市、县、科研高校（院所）、养殖企业及养殖大户等力量成立阿勒泰羊繁育协会，在保护区内建立一批种羊扩繁场和繁殖场（户），将优秀公、母羊编号，打上耳标，登记入册。公、母羊不定向选择，实行开放式保种，并创造条件开展阿勒泰羊的人工授精技术。通过 5 年（2019—2023 年）努力，保护区内阿勒泰羊纯种扩繁群的规模将扩大到 10 万只以上。

（四）开展保种选育技术研究

开展阿勒泰羊高脂、产肉、繁殖力等优良性状的分子遗传标记研究，从分子水平揭示阿勒泰羊优良特性的遗传基础研究。

（五）保种选育指标

1. 生长性能　经产母羊所产羔羊初生重：单羔公羔为 5.5 kg 以上，单羔母羔为 5 kg 以上；双胎公羔为 3.8 kg 以上，双胎母羔为 3.6 kg 以上。初产母羊所产羔羊初生重：单胎公羔为 4.5 kg 以上，单胎母羔为 4.2 kg 以上；4 个月龄公羔体重达到 40 kg，母羔体重达到 37 kg；1.5 岁公羊体重达到 70 kg 以上，1.5 岁母羊体重达到 55 kg 以上；成年公羊体重为 100 kg 以上，成年母羊

体重为 70 kg 以上。

2. 繁殖性能　阿勒泰羊一般性成熟年龄公羊为 4～5 月，母羊为 5～6 月龄；初配年龄公羊为 1.2 岁，母羊为 1.5 岁；产羔率经产母羊为 110%，初产母羊为 100%；多胎系阿勒泰羊产羔率达到 150% 以上。

3. 产肉性能和产毛性能　成年羊的屠宰率达 52% 以上，净肉率达 37%。剪毛量成年公羊 2.5 kg 以上，成年母羊 2 kg 以上。

第三节　阿勒泰羊保种技术措施

如前所述，保种的实质是保存种群的基因库，尽可能不使基因座上的等位基因丢失。根据群体遗传学哈代-温伯格平衡定律，要求保种群应是一个大群体，个体间随机交配，且不存在选择、突变、迁移和遗传漂变等影响基因频率变化的因素。但在实际应用中，完全按照平衡群体的要求进行保种难以实施，也无必要。阿勒泰羊的保种目的不仅仅是品种的保存，而是为了利用，因此选育和保种在最终目的上是一致的。开展阿勒泰羊品种选育保种，总体上要统一选育目标，提高阿勒泰羊群体体型外貌、毛色整齐度；选择体重相对较大、体型外貌一致的公、母羊建立选育核心群，开展选种选配，提高阿勒泰羊群体产肉性能，并及时淘汰表型不明显及有传染病和遗传病的个体等。此部分内容在第四章介绍，本节仅就阿勒泰羊的保种技术进行阐述。

阿勒泰羊保种可分为活畜保种和生物技术保种等多种方式，阿勒泰羊保种目前主要运用活畜保种方式。

一、活畜保种

活畜保种按照保存地点不同可以分为原地保种和异地保种，其中原地保种对于阿勒泰羊这一地方品种而言较为实用。所谓原地保种是指在自然环境条件下维持一个活体家畜群体。对于阿勒泰羊而言，大群的活体保种没有必要，可以按照小群体活体系统保种方法进行。

1. 划定保种基地，建立保种核心群　在现有阿勒泰羊保种场，集中现有种畜，建立适宜规模的保种核心群。其中，种公羊不少于 15 头，种母羊头数 150～300 头，公、母比例一般为 1:(10～15)，群体有效含量控制在 50 左右。保种群中的多数个体应符合阿勒泰羊品种特征且具有欲保护主要特异性状优良的个体，公、母羊之间最好没有亲缘关系或亲缘关系较远，且群内公羊各保种性状单项性状高于母羊 2 个标准差以上。

2. 闭锁畜群，建立家系　为了避免混杂，保种核心群应实行闭锁繁育，保种过程中绝对不允许引进其他品种和类群的种羊参与繁殖，在核心种群内建立 10～20 个小家系，各家系内每头公羊与等数量母羊交配；同时，为了避免嫡亲交配，下代各家系应相互调换公羊，控制每世代近交增量在 3% 左右。

3. 采用各家系等量留种选留种畜　即从每头公羊后代中留一头公羊，每头母羊后代中留一头母羊，组成与上代头数相等、公母比例一致的新的保种核心群。在建群过程中对近交衰退明显的个体应严格淘汰。

4. 延长世代间隔　按照阿勒泰羊繁殖特性，可以采用二胎留种，群体内保持世代分明，没有世代交叉重叠。在系统保种选育工作中，重视个体性状的观察记录，坚持保种群内系统的性能测验；在条件允许的情况下，应用分子标记方法对保种群体的遗传变异程度进行检测和评估；同时，可以应用指数选择的方法，制定包括目标特性和生产特性结合相结合的选育方法，对目标特性可以制定符合阿勒泰羊产业发展方向的选择指数，并根据市场变化加以调整。

5. 采取保种-选育-扩群的思路进行系统保种　即坚持在选育基础上进行保种，以保种为目的进行扩群，使阿勒泰羊保种与品种繁育推广相结合，与选育提高相结合，促进阿勒泰羊品种资源的持续健康发展。

6. 加强种质特性研究和品种评估研究　加强阿勒泰羊种质特性和品种评估研究，促进品种的科学保护。

二、生物技术保种

1. 种质冻存保种　这种方法是应用超低温冷冻的方法对采集并检测处理后的种质材料进行长期冷冻保存，在需要的时候将其解冻复苏，用来重新繁育出具有原来种质特性的个体。目前在家畜上用作种质的材料包括精子、卵子、胚胎、体细胞和胚胎干细胞等。

虽然在绵羊上冷冻精子和胚胎的技术已经基本成熟，但在阿勒泰羊的研究与应用上开展得比较少。在国内，国家家畜基因库已经对我国地方品种的冻精和胚胎保存开展了多年的工作。阿勒泰羊作为我国优良的地方品种资源，在不久的将来也将进入国家家畜基因库。然而，种质冻存作为一种生物技术保种方法，有其自身的缺陷。例如，配子冷冻仅能保存优良基因型的一半，很难保存品种的全部优良特性，并且重建品种资源群体需要的时间长；冷冻胚胎保存的基因型都是未经验证的基因型，需要保存的数量尽量多；体细胞和胚胎干细胞冷冻后，均需要经过核移植的方法才能进行群体克隆重建，且这些克隆胚胎与冷冻胚胎一样都是未经验证的基因型，在保种上意义不大。此外，经过冻存后，各类型种质材料的存活率、复苏率及受胎率还需要进一步提高。因此在阿勒泰羊上，就目前的技术水平而言，种质冻存只能作为活体保种外的一种辅助保种方法。

2. 繁殖技术保种　　目前，用于保种的繁殖技术主要包括胚胎移植和胚胎分割。胚胎移植是指把供体雌性动物的早期胚胎、受精胚胎移植到经过同期发情处理，并且处于同样生理状态的其他同种受体雌性动物体内，然后在受体子宫内继续发育为个体的技术。由于成本和技术水平等原因，目前胚胎移植主要用于阿勒泰羊的杂交改良，在阿勒泰羊保种方面的应用比较少。胚胎分割是指用显微操作仪的玻璃针将哺乳动物早期胚胎的每个卵裂球分开，分别放入透明带，然后移植，最后发育成同卵双胎、同卵多胎的克隆动物。这种方法可以用于阿勒泰羊优良种畜后代的快速扩繁，可以作为阿勒泰羊未来保种的应用技术手段。

总之，对于阿勒泰羊这一地方品种而言，保种并不是单纯保护其遗传多样性，在保种的同时更要深入挖掘、评估和开发利用。生物技术保种方法由于各种缺陷在应用和推广方面受到了限制，阿勒泰羊未来保种方法的研究方向应该是以群体遗传学和分子遗传学相结合为主。

第四节　阿勒泰羊种质特性研究

近年来，随着肉羊产业的发展，阿勒泰羊作为优良地方品种的推广力度逐步加大，同时阿勒泰羊的选育提高亦非常重要。为了推动阿勒泰羊产业的发展，要加快阿勒泰羊的种质特性与选育保护研究。其中，主要是加强阿勒泰羊种业基础性、前沿性研究，鼓励科研院校、育种企业利用生产性能测定、遗传评估及分子育种等技术开展保护工作，研发方便、快捷的生产性能测定及遗传评估关键技术，提高育种技术装备水平，促进阿勒泰羊种羊质量监管工作的有效开展。建立阿勒泰种羊数据共享平台和畜禽遗传资源动态监测预警体系，支持科研院校开展数据分析与咨询，科学指导选育保种生产。加快突破目标基因快速筛查、分子标记辅助选择、全基因组选择等关键育种技术，抢占国内国际育种科研高地。

一、品种特征

阿勒泰羊具有适应性强、抗严寒、体质结实、耐粗饲、屠宰率高等特点；母羊鼻梁稍有隆起，约 2/3 的个体有角；公羊鼻梁隆起，具有较大的螺旋形角。胸宽深，鬐甲平宽，背平直，肌肉发育良好。四肢高而结实，股部肌肉丰满，蹄小坚实。沉积在尾根附近的脂肪形成方圆的大尾。被毛异质，毛质较差，干死毛含量较多；毛色主要为全身棕红色，也有部分头部黄或黑色。

二、遗传背景

贾斌等（2003）研究表明，阿勒泰羊、哈萨克羊、巴什拜羊聚为一类，新疆细毛羊和中国美利奴羊聚为一类，提示新疆原始本品种遗传距离较近，外来品种与本土培育品种遗传距离较远，低于国外其他绵羊品种。石亮（2009）利用 20 个微卫星标记对新疆北疆绵羊群体中的遗传多样性进行了分析，结果表明哈萨克羊、阿勒泰羊、巴什拜羊和也木勒羊遗传距离较近，各绵羊品种与其来源、育成史和地理分布一致。学者普遍认为，阿勒泰羊属哈萨克羊的一个分支类群。

三、生理生化指标

动物生理生化指标是衡量该品种适应某地区生态环境的重要指标之一。为了阿勒泰羊保种发展要求，开展对阿勒泰羊血液生理生化的研究就很有必要。在这一方面，刘志强等（1987）发现，阿勒泰羊呼吸频率普遍高于新疆细毛羊，血液中嗜酸性粒白细胞含量较高，血清中总脂肪和总胆固醇含量较高，这些结果表明阿勒泰羊由于地处高寒地带，生理消耗指标较高，且目前生产中对抗病驱虫不够重视。魏斌（1997）在对阿勒泰羊生理生化血液流变学的研究中发现，阿勒泰羊的全血黏度和血浆黏度均比较高，而红细胞压积并不高；血清中总脂肪、血清总胆固醇含量较高。将这些结果与刘艳丰等（2014）的研究相比较不难发现，得益于饲养技术的发展和营养水平的提高，阿勒泰羊血液中总蛋白质含量、钙含量及胆固醇含量均呈上升趋势。对阿勒泰羊血常规指标变化的研究结果表明，在 $-30 \sim -25$ ℃环境下，阿勒泰羊体内白细胞、中间细胞、粒细胞数目上升，红细胞总数和血红蛋白含量有所下降。这些结果提示，阿勒泰羊虽然具有良好的抗寒能力，但在寒冷环境下，其抗病能力会有所下降，生理消耗水平会有所提升，冬季应注意适当提高其营养水平。阿勒泰羊的一般生理生化指标范围见表3-1。

表3-1　阿勒泰羊生理生化指标

指　　　标	项　　　目	范　　　围
生理指标	呼吸（次/min）	22～56
	心率（次/min）	67～102
	肛温（℃）	38.2～39.9
	红细胞压（%）	28～39
	红细胞计数（万个/mm³）	717～996
	血红蛋白（g/100 mL）	9.5～12.6
生化指标	血液葡萄糖（mg/100 mL）	41.7～86.7
	血清总脂（mg/100 mL）	180～510
	血清总胆固醇（mg/100 mL）	46.35～215.33
	血液非蛋白氮（mg/100 mL）	21.89～51.56
	血清总蛋白质（g/100 mL）	5.05～10.06
	血清白蛋白（g/100 mL）	2.16～6.65
	血清球蛋白（g/100 mL）	2.21～5.77

四、主要生产性能

（一）生长发育特性

羔羊初生重4.5 kg左右；6月龄平均体重45 kg左右，平均体高55 cm，体长73 cm，胸围86 cm，管围8.1 cm；周岁母羊平均体重50 kg；成年公羊平均体重95 kg，最高体重可达170 kg；成年母羊平均体重65 kg。羔羊出生后平均日增重：10～20日龄275 g，20～30日龄355 g，30～60日龄356 g，60～90日龄286 g，90～180日龄（断奶）213 g，断奶后平均日增重都在200 g以上。

（二）产肉性能

成年羯羊屠宰率高达52%～55%，5月龄羔羊平均活体重38 kg，平均每只产肉和脂肪19.5 kg，屠宰率达到51%；5月龄羔羊下山经30～45 d育肥，体重可达到 45～50 kg，屠宰率达到 55％左右。在自然放牧情况下，平均屠宰率为48％～50％。

（三）繁殖性能

初产母羊繁殖率为 103％，经产母羊繁殖率为 110％。

（四）绒毛生产性能

阿勒泰羊成年公羊年产毛 1.8 kg 左右，成年母羊年产毛 1.6 kg 左右。粗毛平均细度为 58.50 μm、绵羊绒平均细度为 20.20 μm，阿勒泰羊绵羊绒的平均细度接近普通羊毛细度，但是细度差异较大，最细的 16 μm，最粗的 28 μm。阿勒泰羊羊毛绒毛平均长度为 52.15 mm，羊毛绒毛含量平均为 65.34％。含绒率较高，说明阿勒泰羊羊毛有较高的利用价值。

五、分子选育技术研究

（一）脂肪沉积与抗寒性状相关研究

阿勒泰羊的抗寒性能与其臀脂高度相关，因此了解阿勒泰羊储脂的分子机制，对培育具有较高抗寒性能的绵羊新品种至关重要。

许瑞霞等（2015）研究了 FABP4 基因在阿勒泰羊尾脂沉积与代谢模型中的表达变化规律，利用半定量 RT-PCR 方法检测了该基因在阿勒泰羊主要组织中的表达发现，FABP4 mRNA 在阿勒泰羊肠脂与尾脂中均高丰度表达，暗示 FABP4 基因可能在脂肪中行驶着重要的生理生化功能。高磊等（2015）发现，诱导细胞凋亡的 DFF45 样效应因子 c 在阿勒泰羊脂肪组织中表达，其中在尾脂中高丰度表达，表明该基因在阿勒泰羊尾脂沉积过程中具有一定的调控作用。李星艳等（2016）发现，阿勒泰羊 CFD 基因在尾脂组织中的表达水平较高，其在阿勒泰羊正常饲喂阶段尾脂组织中的表达量极显著低于饥饿饲养阶段，主要是通过促进脂肪分解而对阿勒泰羊尾脂沉积进行调控。杨莉等（2015）发现寒冷应激条件下，阿勒泰羊组织中硬脂酰辅酶 A 去饱和酶的高效表达能够提高脂膜的流动性，提升阿勒泰羊抵御低温的能力，体现了阿勒泰羊的种间优越性。笔者等（2014）采用 PCR-SSCP 或 PCR-RFLP 分型方法研究和筛选了一些在染色体上与阿勒泰羊臀脂沉积相关单核苷酸相关性（single nucleotide polymorphism，SNP）发现，绵羊雄激素受体（androgen receptor，AR）第 3 内含子一处 SNP——X 染色体 60 149 273 位点在脂尾（臀）与瘦尾绵羊品种中存在较大差异，该 SNP 可作为一个分子标记运用于低脂绵羊新品种的培育，同时该 SNP 所属 AR 也可作为一个重要候选功能基因应用于绵羊尾（臀）脂沉积分子机制的相关研究；X 染色体 59 383 635 位点 T 等位基因高频出现在表型分值较高的阿勒泰群体中，而 C 等位基因则在瘦尾型绵羊品种中高频出现。等位基因频率 T/C 的比值与尾臀表型分值相关性模型表明，T/C 的值随着尾臀表型分值的增加呈指数倍增长。X 染色体 59 194 976 位点在阿勒泰羊群体中 G 等位基因属优势等位基因，X 染色体 59 578 440 位点在阿勒泰羊群体中 C 等位基因属优势等位基因，这几个 SNP 可作为一个理想的分子标记应用于高、低脂绵羊的品种选育。7 号染色体 46 843 356 位点在尾脂沉积能力较差的中国美利奴细毛羊和萨福克羊群体以 AA 基因型为主，而尾脂沉积能力强的阿勒泰羊群体则以 GG 和 GA 基因型为主；7 号染色体 46 765 080 位点的 G 等位基因高频出现在表型分值较高的臀脂型阿勒泰羊群体中，A 等位基因在长瘦尾绵羊品种中高频出现，这两个 SNP 位点可作为一个理想的分子标记应用于高、低脂绵羊品种选育。但 X 染色体 59 327 581 位点，绵羊 7 号染色体 46 818 598 位点处无多态性，不能作为影响我国阿勒泰羊臀脂沉积性状的分子标记。王耀武（2014）对脂肪沉积相关基因 *THRSP*、*C/EBPα*、*PRKAG3* 和 *ADD1* 进行多态性研究发现，阿勒泰羊与萨福克羊两个群体在 *THRSP* 基因的 C1006T、*PRKAG3* 基因的 C1784T、*ADD1* 基因的 A2787G 位点处基因型频率和基因频率有显著差异，推测这些 SNP 位点与阿勒泰羊和萨福克羊尾部形态差异密切相关。阿勒泰羊和滩羊在 *THRSP* 基因、*C/EBPα* 基因、*PRKAG3* 基因和 *ADD1* 基因的表达水平上有显著差异，可能与这两品种的脂肪沉积差异有关。以上研究结果为通过分子标记辅助选择育种提高绵羊抗寒性能和进一步深入阐明绵羊脂肪沉积的分子调控机理提供了参考。

（二）产肉与生长相关性状研究

牛志刚等（2014）研究阿勒泰羊 *Myf5* 基因多态性与早期生长发育性状的相关性发现，在阿勒泰羊 *Myf5* 基因中存在 3 个多态位点，即位于 *Myf5* 基因第 1 外显子区域的 19-CCT Ins/Del、第 4 外显子区域的 C-109G 及 C-383T，在这些位点均存在 3 种基因型。多态位点与体重和日增重的相关性分析表明，仅 SNP 位点 C-383T 与体重和平均日增重具有相关性，不同基因型体重和日增重排序为 TT<CT<CC。说明该位点 *Myf5* 基因可能是影响阿勒泰羊生长发育性状的主效 QTL 或与之紧密连锁，可作为阿勒泰羊肥羔生产的候选分子标记。马海玉等（2014）研究了阿勒泰羊 *MyoD* 基因的遗传多态性及其与产肉性状的关联，揭示 *MyoD-P1* 基因座（*MyoD* 基因 5′调控区）无多态性，*MyoD-P2* 基因座（外显子 1）有多态性，存在 3 种基因型，即 AA、AB 和 BB，测序结果显示该处发生了碱基突变 A→G，为错义突变，该突变导致其编码的氨基酸由组氨酸变为丙氨酸；经关联分析发现，该突变对阿勒泰羊产肉性能有显著影响。阿勒泰羊 *MyoD* 基因外显子 1 上的点突变可能是影响阿勒泰羊产肉性能的重要位点，*MyoD* 基因可望作为阿勒泰羊产肉性能的候选基因，为今后用分子标记辅助育种方法提高阿勒泰羊产肉性能提供科学依据。田佳（2014）对新疆阿勒泰羊采用单链构象多态性（single strand conformation polymorphism，SSCP）和 DNA 测序技术检测了 3 个产肉量主要候选基因 *MyoG*、*Myf5* 和 *Myf6* 共 5 个位点发现，仅 *MyoG* 基因在阿勒泰羊中存在多态性，*MyoG* 基因外显子 3 编码区第 1 600 位发生了碱基 A 的缺失，产生 AA、AB、BB 3 种基因型，B 为优势等位基因。经不同基因型与体重的关联分析发现，阿勒泰羊群体中，AA 基因型个体体重显著低于 AB 基因型和 BB 基因型个体体重，表明 *MyoG* 基因可以作为影响阿勒泰羊体重性状的候选基因；且 *MyoG* 基因在阿勒泰羊背最长肌中的表达量与肉重呈极显著正相关，阿勒泰羊股四头肌中的表达量与肉重呈显著正相关，表明 *MyoG* 基因对阿勒泰羊的肌肉发育起正调控作用，影响产肉量。研究 *H-FABP*、*LPL* 基因在阿勒泰羊肌肉组织中的表达量及其与肌内脂肪含量和脂肪酸含量的相关性分析发现，*H-FABP* 基因的表达主要对肌内脂肪含量起负调控作用，影响羊肉的嫩度；*LPL* 基因的表达主要对阿勒泰羊肌肉中总脂肪酸含量起正调控作用，影响羊肉肉质香味的形成。吐来力江·哈木太（2014）对阿勒泰羊羔羊不同月龄和不同组织 MSTN/Smad 信号通路基因（*MSTN*、*Smad2*、*Smad3*、*Smad4*、*TGFBR1*、*TGFBR2*）的表达量，以及与体重、体尺、屠宰率等指标进行相关性分析，得到了阿勒泰羊羔羊不同组织和不同生长阶段 MSTN/Smad 信号通路基因的表达特性，掌握了阿勒泰羊 *MSTN* 基因作用机制和规律，为改善阿勒泰羊羊肉生产性能和肉品质提供了分子水平的理论依据。

（三）发情与繁殖相关性状研究

郝耿等（2014）为寻找和筛选与阿勒泰羊繁殖力相关的遗传标记，采用 PCR-RFLP 和 PCR-SSCP 技术检测发现，*BMP15* 基因在外显子 1 位点呈多态性，具有 AA、AB 和 BB 3 种基因型。阿勒泰羊 AA 基因型频率为 0.695，AB 基因型频率为 0.120，BB 基因型频率为 0.185。该段 DNA 序列存在 3 个碱基缺失，这个突变导致野生型（AA）氨基酸序列上相应的 10 号氨基酸残基亮氨酸缺失，变为突变基因型 BB，形成 B1 突变体。张伟等（2016）研究了阿勒泰羊不同繁殖状态下丘脑 *Kiss1* 基因表达规律与其季节性繁殖的关联性，*Kiss1* 基因在发情盛期阿勒泰羊的下丘脑中高表达，在乏情期（夏至日前后）阿勒泰羊下丘脑中的表达量很低，至发情前期下丘脑中 *Kiss1* 基因的表达量迅速上升，并达到峰值，极显著高于乏情期和间情期；发情启动后，下丘脑中 *Kiss1* 基因的表达量逐渐下降，提示 *Kiss1* 基因可能主要在诱导阿勒泰羊发情启动阶段发挥重要作用。李达等（2012）利用 PCR-SSCP 及 PCR-RFLP 方法对湖羊、小尾寒羊、阿勒泰羊、洼地绵羊的 *FecB* 基因进行单核苷酸多态性分析，上述 4 个绵羊品种均携带 *FecB* 突变。王世银等（2013）研究了阿勒泰羊下丘脑褪黑素受体 1A（*MTNR1A*）基因的表达情况与其季节性繁殖之间的关系发现，*MTNR1A* 基因在发情盛期阿勒泰羊的下丘脑、垂体、卵巢和脾脏中高表达，揭示褪黑素及其受体在阿勒泰羊发情启动过程中发挥着重要的调控作用。*MTNR1A* 基因 5′侧翼序列、Exon Ⅰ 及 Exon Ⅱ 在阿勒泰羊和湖羊群体中分别检测到 18、1 和 9 处突变，PCR-SSCP 检测 g.15 143 697 位点的 T/C 突变在湖羊群体中以 CC 基因型为主，其基因型频率达到 0.919；而在阿勒泰羊中以 TT 基因型为主，基因型频率为 0.950，阿勒泰羊群体中 T 等位基因的比例为湖羊群体的 550 倍，推测该位点可能与绵羊的季节性发情有关。于成江等（2008）分析小尾寒羊、新疆细毛羊、多浪羊和阿勒泰羊的羟基吲哚-氧-甲基转移酶（HIOMT）的 3′非翻译区部分序列及其遗传多样性。在 *HIOMT* 基因的 3′非翻译区存在 PCR-SSCP 多态，共发现 AA、BB、CC、AB、AC 和 BC 6 种基因型，在阿勒泰羊群体中发现 AA、BB、AB 和 BC 4 种基因型，常年发情的小尾寒羊和多浪羊与季节性发情的新疆细毛羊和阿勒泰羊群体间基因频率差异极显著，*HIOMT* 基因在不同绵羊品种中序列的差异性可能是造成其季节性和常年性发情的原因之一。李辉（2014）对不同绵羊品种的 *Leptin* 基因多态性进行检测及分析，在 *Leptin* 外显子 2 扩增片段上检测到了 AA、AB、BB 3 种 SSCP 基因型，BB 基因型在阿勒泰羊群体中属于优势基因型，而 AA 基因型在湖羊中属于优势基因型，BB 基因型是影响季节性发情的有利基因型。DNA 测序结果表明，与湖羊相比，在阿勒泰羊 *Leptin* 基因第 1 内含子上发现 3 个连续碱基 TTG 的插入和 C/T 碱基突变，而第 3 外显子上发生 G/T 碱基突变，编码氨基酸由缬氨酸变成亮氨酸。绵羊品种中 *Leptin* 基因序列的差异性与绵羊季节性发情相关，可能是造成绵羊季节性发情的原因之一，可作为常年发情绵羊品种选育的辅助标记。

第五节 阿勒泰羊良种登记与建档

建立良种登记制度，是阿勒泰羊育种保种工作中的重要措施之一。进行良种登记可以正确地开展阿勒泰羊的选配工作，即在良种登记的基础上，选出尖端种子母羊群，与经过表型、后裔、外貌等鉴定的优秀公羊进行选配，从而使羊群质量得到不断改进和提高。

一、建立记载和统计制度

阿勒泰羊育种和生产过程中的各种记录资料是羊群的重要档案，尤其是对于保种场种羊群，育种记录资料更是必不可少。要及时全面掌握和认识了解羊群存在的缺点及主要问题，进行个体鉴定、选种选配和后裔测验及系谱审查，合理安排配种、产羔、剪毛、防疫驱虫、羊群的淘汰更新、补饲等日常管理，都必须做好育种资料的记录。育种资料记录的种类较多，如种羊卡片、个体鉴定记录、种公羊精液品质检查及利用记录、羊配种记录、羊产羔记录、羔羊生长发育记录、体重及剪毛量记录、羊群补饲料消耗记录、羊群月变动记录统计和疫病防治记录等。记录应力求准确、全面，并及时整理分析。

二、建立良种登记制度

种羊登记是将符合阿勒泰羊标准的种羊登记在专门的登记簿中或储存在电子计算机内特定数据管理系统中的一项生产和育种管理措施，是羊群体遗传改良的一项基础性工作。良种登记的种羊采用一羊一表，记录其终生生产情况，记录内容主要包括以下几个方面。

（一）基本情况

包括：场名、品种、类型、个体编号、出生日期、出生地、综合评定等级、登记时间、登记人等。

（二）系谱档案

登记的阿勒泰羊要做到三代系谱完整，应有父、母、祖父、祖母、外祖父、外祖母的系谱记录，并且要有父、母生产性能的完整资料。首次参加登记的种羊在系谱不全的情况下，经鉴定符合登记范围的可以建立系谱档案，并逐步对其进行完善。

（三）生产性能

包括：体尺、体重、生长、产肉、繁殖等性能。

（四）个体标识

统一耳标编号。

（五）外貌特征

种羊头部正面和左（或右）体侧照片各一张。

（六）登记

登记内容包括：种羊转让、出售、死亡、淘汰等。

三、良种登记羊的管理

具体如下：

（1）羔羊（种羊的后代）出生后3个月以上即可申请登记。

（2）种羊登记由专人负责填写和管理，登记信息应当录入计算机管理系统，不得随意涂改。

（3）对达到特级的优秀公、母羊只和经营管理规范的种羊场，由阿勒泰羊育种协会定期发布。对连续登记为优秀种羊的场、户，以及登记工作比较突出的单位和个人，畜牧行政主管部门视情况给予表彰奖励。

（4）良种登记部门每年复查一次登记种羊情况，并及时公布良种羊及所在地情况。良种羊登记数量及登记羊情况，列入种羊场验收发证和复验换证时的审查内容。

（5）定期举办和参加各级举办的种羊竞卖会、赛羊会、推介会，参会的种羊必须是良种登记羊及其后代。

（6）登记种羊的第 3 胎后代仍未进行良种登记的，则被视为性能遗传不良，予以注销。

（7）登记的种羊出售时，应附带良种登记表。出售、淘汰、死亡的良种登记羊应及时注销，并将有关情况每月向登记管理单位备案一次。

（8）对于违反良种登记办法及违规操作进行种羊登记的，依情节轻重，予以通告批评或取消良种羊登记资格，并按照《种畜禽管理条例》规定进行处罚。

（石河子大学彭夏雨　甘肃农业大学袁玖　编写）

第四章
阿勒泰羊品种选育

第一节　阿勒泰羊的选种技术

一、选种意义

种，是提高羊群生产力的基础，是实现高产的内因。选种，就是通过对羊群的综合选择，用具有高生产性能和优良产品品质的个体来补充羊群，再对不良个体进行严格淘汰，以达到不断改善和提高羊群整体性能和产品品质的目的。选种也叫选择，具体地讲，就是把那些符合人们期望要求的个体，按标准从现有羊群中选出来，让它们组成新的繁殖群再繁殖下一代，或者从别的羊群中选择那些符合要求的个体加入到现有的繁殖群中来。经过这样反复的、多个世代的选择工作，不断地选优去劣，最终的目标有两个：一是使羊群的整体生产水平好上加好；二是把羊群变成一个全新的群体或品种（系）。有时往往只选中少数几只乃至 1 只特别优秀的种公羊，用科学的方法加以充分利用，就会使整个畜群或新品种的育成速度大大加快。

二、选种方法

阿勒泰羊选种的主要对象是种公羊。农谚说"公羊好，好一坡；母羊好，好一窝"。选种的主要性状多为有重要经济价值的数量性状和质量性状。根据阿勒泰羊主要发展选育的目标去选择，如体重、毛色、屠宰率、生长速度、繁殖力等。

1. 根据个体表型选择　个体表型值的高低通过个体品质鉴定和生产性能测定的结果来衡量，表型选择即是在这一基础上进行的。因此，首先要掌握个体品质鉴定的方法和生产性能测定的方法。此法标准明确，简便易行，尤其是在育种工作的初期，当缺少育种记载和后代品质资料时，根据个体表型选择是选择羊只的基本依据。

个体表型选择对于阿勒泰羊这一地方品种来说，是实践应用最广泛的一种选择方法。表型选择的效果，取决于表型与基因型的相关程度，以及被选性状遗传力的高低。阿勒泰羊是以影响重要经济性状为主要依据进行鉴定的，一般在断奶、6~8 月龄、周岁和 2.5 岁时进行鉴定。鉴定方式根据育种工作的需要可分为个体鉴定和等级鉴定两种。两者根据鉴定项目逐头进行，只是等级鉴定不作个体记录，依鉴定结果综合评定等级。做出等级标记分别归入特级、一级、二级、三级和四级，而个体鉴定要进行个体记录，并可根据育种工作需要增减某些项目，作为选择种羊的依据之一。个体鉴定的羊只包括种公羊、特级母羊、一级母羊及其所生育成羊，以及后裔测验的母羊及其羔羊。因为这些羊是羊群中的优秀个体，羊群质量的提高必须以这些羊只为基础。

对于鉴定技术和方法，鉴定前要选择距离各羊群比较适中的地方准备好鉴定圈，圈内最好装备可活动的围栏，以便能够根据羊群头数多少而随意调整圈羊场地的面积，便于捉羊。圈的出口处应设鉴定台，一般高 60 cm、长 100~120 cm、宽 50 cm。鉴定场地里还应分设几个小圈，以分别圈放鉴定后备等级羊只，待整群羊只鉴定完毕后，鉴定人员对各级羊进行总体复查，以随时纠正可能发生的误差。鉴定开始前，鉴定人员要熟悉标准，并对要鉴定羊群情况有一个全面了解，包括羊群来源和现状、饲养管理情况、选种选配情况、以往羊群鉴定等级比例和育种工作中存在的问题等，以便在鉴定中有针对性地考察一些问题。鉴定开始时，要先看羊只整体结构是否匀称，外形有无严重缺陷，行动是否正常；待接近羊后再看公羊是否为单睾、隐睾，母羊乳房是否正常等，以确定该羊有无进行个体鉴定的价值。凡应进行个体鉴定的羊只按规定的鉴定项目和顺序严格进行。为了便于现场记录和资料统计，每个鉴定项目以其汉语拼音第一个字母作为记载符号，对有关鉴定项目用"＋""－"表示多和少、强和弱。

2. 根据系谱进行选择　系谱是反映个体祖先生产性能和等级的重要资料，是一个十分重要的遗传信息来源。在阿勒泰羊生产实践中，尤其是核心种群选育过程中，常常通过系谱审查来掌握被选个体的育种价值。如果被选个体本身好，并且许多主要经济性状与亲代具有共同点，则证明其遗传性稳定，可以考虑留种。当个体本身还没有表型值资料时，则可用系谱中的祖先资料来估计被选个体的育种值，从而进行早期选择。

根据系谱选择，主要考虑影响最大的是亲代，即父母代的影响，血缘关系越远，对子代的影响越小。在养羊实践中，一般很少考虑祖父母代以上的祖先资料。因此，在阿勒泰羊育种实践中对系谱资料进行科学保存和记录是保证选育准确的重要基础。

3. 根据半同胞表型值进行选择　根据个体半同胞表型值进行选择，是利用同父异母的半同胞表型值资料来估算被选个体的育种值而进行的选择。这一方法在养羊业上更有特殊意义。第一，由于人工授精技术在养羊中的广泛应用，使得同期所生的半同胞羊只数量大，资料容易获得，而且由于同年所生，环境影响相同，因此结果也较准确可靠；第二，可以进行早期选择，在被选个体无后代时即可进行。

4. 根据后代品质——后裔测验成绩选择　后裔测验就是通过后代品质的优劣来评定种羊的育种价值，这是最直接、最可靠的选种方法。因为选种目的是在于获得优良的后代，如果被选种羊的后代好，就说明该种羊种用价值高，选种正确。后裔测验方法的不足之处是需时较长，要等到种羊有了后代，并且生长到后代品质充分表现能够做出正确评定时。

（1）后裔测验应遵循的基本原则　被测验的公羊需经表型选择、系谱审查及半同胞旁系选择后，认为最优秀的并准备以后要大量使用的公羊，年龄为1.5～2 岁。与配母羊品质整齐、优良。最好是一级母羊或准备以后要配种的母羊，年龄为 2～4 岁。每只被测公羊的与配母羊数要求为 60～70 只，以所产后代到周岁鉴定时不少于 30 只母羊为宜，配种时间尽可能一致，以相对集中为好。后代出生后应与母羊同群饲管，同时对不同公羊的后代，也应尽可能在同样或相似的环境中饲养，以排除环境因素造成的差异，从而科学、客观地进行比较。

（2）后裔测验结果的评定方法　在养羊业中常用的有两种：①母女对比法。有母女同年龄成绩对比和母女同期成绩对比两种。前者有年度差异，特别是饲养水平年度波动大时，会影响结果；后者虽无年度差异，饲养管理条件相同，但要校正年龄差异。②同期同龄后代对比法。即同龄后代对比，由于公羊女儿数不等，直接采用算术平均比较，难免出现偏差，为此在这一比较中，以采用某公羊女儿数和被测各公羊总女儿数加权平均后的有效女儿数计算被测公羊的相对育种值来评定其优劣。相对育种值越大，公羊越好。一般以 100% 为界，超过 100% 的为初步合格的公羊。

种羊选择中对公羊进行后裔测定较为广泛，但也不能忽视母羊对后代的影响。根据后代品质评定母羊的方法，是当母羊与不同公羊交配，都能生产优良羔羊时，就可以认为该母羊遗传素质优良。若与不同公羊交配，连续两次都生产劣质羔羊时，则该母羊就应由育种群转移到一般生产群中。

三、选种时应注意的问题

羊群通过有目的的选择，使选择性状不断地获得改良和提高，这种因选择而产生的超越值称为遗传进展量，选种时应注意下列问题。

1. 性状遗传力的高低　遗传力高的性状，通过个体表型选择就可提高，遗传进展速度就快；而遗传力低的性状，其表型值受环境因素的影响较大。为提高选择效果，应当通过系谱、旁系和后代等进行家系选择。

2. 选择差的大小　选择差是指留种群某一性状的平均表型值与全群同一性状平均表型值之差，其大小直接影响选择效果。选择差又直接受留种比例和所选性状标准（即羊群该性状的整齐程度）的制约。留种比例越大，选择差就越小；性状标准差越大，则选择差也随之增大。留种比例还直接关系到选择强度，留种比例越大，则选择强度越小。

3. 世代间隔的长短　世代间隔是指羔羊出生时双亲的平均年龄，或者说从上代到下代所经历的时间。阿勒泰羊的世代间隔一般为 4 年左右。世代间隔越长，遗传进展速度就越慢。世代间隔的长短是影响选择性状遗传进展的因素之一。在一个世代里，每年的遗传进展量取决于选择差、性状遗传力及世代间隔的长短。可通过公、母羊尽可能早地用于繁殖，不得推迟初配年龄；缩短利用年限，淘汰老龄羊；缩短产羔间距，通过推行两年三产等方法来缩短世代间隔。

第二节　阿勒泰羊的选配方法

一、选配的意义和作用

所谓选配，就是在选种的基础上，根据母羊的特点，为其选择恰当的公羊并与之配种，以期获得理想的后代。因此，选配是选种工作的继续，它同选种结合而构成规模化的阿勒泰羊改良育种工作中两个相互联系、不可分割的重要环节，是改良和提高羊群品质最基础的方法。

选配的作用在于，巩固选种效果。正确的选配，能使后代结合和发展被选择绵羊所固有的优良性状和特征，从而使羊群质量获得预期的遗传进展。具体来说，选配的作用主要是，使亲代的固有优良性状稳定地传给下一代，把分散在双亲个体上的不同优良性状结合起来传给下一代，把细微的不甚明显的优良性状累积起来传给下一代，对不良性状、缺陷性状给予削弱或淘汰。

二、选配方法

选配可分为表型选配和亲缘选配两种类型。表型选配是以与配公、母羊个体本身的表型特征作为选配的依据，亲缘选配则是根据双方的血缘关系进行选配。这两类选配都可以分为同质选配和异质选配，其中亲缘选配的同质选配和异质选配即指近交和远交。

1. 表型选配　表型选配即品质选配，它可以分为同质选配和异质选配。

（1）同质选配　是指具有同样优良性状和特点的公、母羊之间的交配，以便使相同特点能够在后代身上得以巩固和继续提高。通常特级羊和一级羊是属于品种理想型羊只，它们之间的交配即具有同质选配的性质；或者当羊群中出现优秀公羊时，为使其优良品质和突出特点能够在后代中得以保存和发展，则可选用同羊群中具有同样品质和优点的母羊与之交配，这也属于同质选配。例如，体格大的母羊与体格大的公羊相配，以便使后代的体格得以继承和发展。这也就是"以优配优"的选配原则。

（2）异质选配　是指选择在主要性状上不同的公、母羊进行交配，目的在于使公、母羊所具备的不同优良性状在后代身上得以结合，创造一个新的类型；或者是用公羊的优点纠正或克服与配母羊的缺点或不足。用特级公羊、一级公羊配二级以下母羊即具有异质选配的性质。例如，选择体格大、毛长的特级公羊、一级公羊与体小、毛短的二级母羊相配，使其后代体格增大，毛长增加。在异质选配中，必须使母羊最重要的有益品质借助于公羊的优势得以补充和强化，使母羊的缺陷和不足得以纠正和克服。这也就是"公优于母"的选配原则。

综上所述，按照选配的性质，虽然可以分为同质选配和异质选配两种，但要指出，在育种实践中同质和异质往往是相对的，并非绝对的。一般在培育新品系的初期阶段多采用异质选配，以综合或者集中亲本的优良性状；当获得理想型，进入横交固定阶段以后，则多采用亲缘的同质选配，以固定优良性状，纯合基因型，稳定遗传性。在纯种选育中，两种选配方法可交替使用，以求品种质量的不断提高。

（3）表型选配方法　表型选配在养羊业中的具体应用也是十分复杂的，其选配方法也可分为个体选配和等级选配。

① 个体选配　就是为每只母羊选配合适的公羊，主要用于特级母羊的选配，如果一级母羊为数不多时，也可以用这种选配方式。因为特级母羊、一级母羊是品种的精华，羊群的核心，对品种的进一步提高关系极大；同时，又由于这些母羊达到了较高的生产水平，一般继续提高比较困难，因此必须根据每只母羊的特点为其仔细地选配公羊，个体选配应遵循的基本原则：符合品种（系）理想型要求并具有某些突出优点的母羊，如生长发育速度快、肉用性能好、产羔率高等性状良好的母羊，应为其选配具有相同特点的特级公羊、一级公羊，以期获得具有这些突出优点的后代。符合理想型要求的一级母羊，应选配与其同一品种、同一生产方向的特级公羊、一级公羊，以期获得较母羊更优的后代。对于具有某些突出优点但同时又有某些性状不甚理想的母羊，如体格特大、羊毛很长但繁殖力欠佳的母羊，则要选择在繁殖力上突出，体格、毛长性状上也属优良的特级公羊与之交配，以期获得既能保持其优良性状又能纠正其不足的后代。

② 等级选配　二级以下的母羊具有各种不同的优缺点，应根据每一个等级的综合特征为其选配适合的公羊，以求等级的共同优点得以巩固，共同缺点得以改进，称之为等级选配。

2. 亲缘选配　亲缘选配是指具有一定血缘关系的公、母羊之间的交配，按交配双方血缘关系的远近可分近交和远交两种，以下主要介绍近交。

近交是指亲缘关系近的个体间的交配。凡所生子代的近交系数大于0.78%者，或交配双方到其共同祖先的代数总和不超过6代者，为之近交，反之则为远交。在养羊业生产中，在采用亲缘选配方法时，主要是要科学地、正确地掌握和应用近交。

在一个刚刚开始选育的羊群群体内，或者在品种形成的初期阶段，其群体遗传结构比较混杂，但只要通过持续地、定向地选种选配，就可以提高群体内顺向选择性状的基因频率，降低反向选择性状的基因频率，从而使羊群的群体遗体结构朝着既定的选择方向发展，达到性状比较一致的目的。这里，选配时采用近交办法，可以加快群体的这一纯合过程。具体地讲，近交在这一过程中的主要作用是：①固定优良性状，保持优良血统。近交可以纯合优良性状基因型，并且比较稳定地遗传给后代，这是近交固定优良性状的基本效应。因此，在培育新品种、建立新品系的过程中，当羊群中出现符合理想的优良性状及特别优秀的个体后，必然要采用同质选配加近交的办法，用以纯合和固定这些优良性状，增加纯合个体的比例，这正是优良家系（品系）的形成过程。这里需要指出的是，数量性状受多对基因控制，其近交纯合速度不如受1对或几对基因控制的质量性状快。②暴露有害隐性基因。近交同样使有害隐性基因纯合配对的概率增加。在一般情况下，有害的隐性基因常为有益的显性等位基因所掩盖而很少暴露，多呈杂合体状态而存在，单从个体表型特征上是很难发现的。通过近交就可以分离杂合体基因型中的隐性基因并且形成隐性基因纯合体，即出现有遗传缺陷的个体，而得以及早淘汰，这样便使群体遗传结构中隐性有害基因的频率大大降低。因此，正确应用近交可以提高羊群的整体遗传素质。③近交通常伴有羊只本身生活力下降的趋势。不适当的近亲繁殖会产生一系列不良后果，除生活力下降外，繁殖力、生长发育、生产性能都会降低，甚至产生畸形怪胎，而导致品种或群体的退化。

在养羊业生产实践中应用亲缘选配时要注意以下几个问题：①选配双方要进行严格选择，必须是体质结实、健康状况良好、生产性能高、没有缺陷的公羊和母羊才能进行亲缘选配。②要为选配双方及其后代提供较好的饲养管理条件，即应给予较其他羊群更丰富的营养条件。③对所生后代必须进行仔细的鉴定，选留那些体质结实、体格健壮、符合育种要求的个体继续作为种用，体质纤弱、生活力衰退、繁殖力降低、生产性能下降及发育不良甚至有缺陷的个体要严格淘汰。

三、选配应遵循的原则

具体有：为母羊选配的公羊，在综合品质和等级方面必须优于母羊；为具有某些方面缺点和不足的母羊选配公羊时，必须选择在这方面有突出优点的公羊与之配种，决不可用具有相反缺点的公羊与之配种；采用亲缘选配时应当特别谨慎，切忌滥用。及时总结选配效果，如果效果良好，则可按原方案再次进行选配。否则，应修正原选配方案，另换公羊进行选配。

第三节　阿勒泰羊的纯种繁育

纯种繁育是指同一品种内公、母羊之间的繁殖和选育过程。当品种经长期选育，已具有优良特性，并已符合国民经济需要时，即应采用纯种繁育的办法。目的一是增加品种内的羊只数量，二是继续提高品种质量。因此，不能把纯种繁育看成是简单的复制过程，它仍然有不断选育提高的任务。实施纯种繁育的过程中，为了进一步提高品种质量，在保持品种固有特性、不改变品种生产方向的前提下，可根据需要和可能分别采用下列方法。

一、品系繁育法

品系是品种内具有共同特点，彼此有亲缘关系的个体所组成的遗传性稳定的群体。品系繁育就是根据一定的育种制度，充分利用卓越的种公羊及其优秀后代，建立优质高产和遗传性稳定的羊群的一种方法，它是品种内部的结构单位。通常阿勒泰羊品种内至少应当有 4 个以上的品系，才能保证品种整体质量的不断提高。阿勒泰羊有许多重要经济性状需要不断提高，如体重、生长发育、多羔性、肉用性能等。在繁育过程中同时考虑的性状越多，各性状的遗传进展速度就越慢，但若分别建立几个不同性状的品系，然后通过品系间杂交，把这几个性状结合起来，对提高阿勒泰羊品种质量的效果就会好得多。因此，在育种中要采用品系繁育这一高级的育种技术手段来提高阿勒泰羊的生产性能，进行保种。

品系繁育的过程基本上包括四个阶段，即选择优秀的种公羊作为系祖；品系基础群的组建；闭锁繁育阶段；品系间杂交阶段。

1. 选择优秀的种公羊作为系祖　系祖的选择与创造是建立品系最重要的第一步。系祖应是畜群中最优秀的个体，不但一般生产性能要达到品种的一定水平，而且必须具有独特的优点。理想型系祖的产生最主要是通过有计划、有意识的选种选配，加强定向培育等产生。凡准备选作系祖的公羊，都必须通过综合评定，即本身性能、系谱审查和后裔测验。只有证明能将本身优良特性遗传给后代的种公羊，才能作为系祖使用。

2. 品系基础群的组建　这是进行品系繁育的第一步。根据羊群的现状特点和育种工作的需要，确定要建立哪些品系，如在阿勒泰羊的育种中考虑建立体格大系、小尾系、不同毛色系、高繁殖力系等，然后根据要组建的品系来组建基础群。通常采用两种方式组建品系基础群：①按血缘关系组群。其做法是首先分析羊群的系谱资料，查明各配种公羊及其后代的主要特点，将具有拟建品系突出特点的公羊及其后代挑选出来，组成基础群。这里要注意，虽有血缘关系，但不具备所建品系特点的个体不能选入基础群。遗传力低的性状，如产羔数、体况评分、肉品质等，按血缘关系组群效果好。当公羊配种数量大、其亲缘后代数量多时采用此法为好。②按表型特征组群。这种方法比较简单易行，其做法是不考虑血缘关系，而是将具有拟建品系所要求的相同表型特征的羊只挑选出来组建为基础群。对绵羊来讲，由于其经济性状的遗传力大多较高，加之按血缘关系组群往往受到后代数量的限制，故在绵羊育种和生产实践中，进行品系繁育时常常是根据表型特征组建基础群。

3. 闭锁繁育阶段　品系基础群组建起来以后，不能再从群外引入公羊，而只能进行群内公、母羊的"自我繁殖"，即将基础群"封闭"起来进行繁育。目的是通过这一阶段的繁育，使品系基础群所具备的品系特点得到进一步的巩固和发展，从而达到品系的逐步完善和成熟。在具体实施这一阶段的繁育工作时要坚持的原则有：①按血缘关系组建的品系基础群，要尽量扩大群内品系性状特点突出并证明其遗传性稳定的优秀公羊——系祖的利用率，并从该公羊的后代中注意选择和培育系祖的继承者；按表型特征组建的品系基础群，从一开始就要通过后裔测验的办法，注意发现和培养系祖。系祖一旦认定，就要尽早扩大其利用率。应当肯定优秀的系祖在品系繁育中的重要性，但这并不意味着品系就是系祖的简单的复制品。②要坚持不断地进行选择和淘汰，特别是要将不符合品系要求的个体坚决地从品系群中淘汰出去。③为了巩固品系中的优良特性，使基因纯合，为选择和淘汰提供机会，近亲繁殖在此阶段不可缺少，但要实行有目的、有计划地控制近亲繁殖。开始时可采用嫡亲交配，以后逐代疏远；或者连续采用三四代近亲或中亲交配，最后控制近交系数以不超过20%为宜。④由于品系基础群内的个体基本上是同质的，因此可采用群体选配办法，不必用个体选配，但最优秀的公羊应该多配一些母羊。⑤如果限于人力和条件，闭锁繁育阶段是采用随机交配的办法，则应利用控制公羊数来掌握近交程度。

4. 品系间杂交阶段　当品系完善成熟以后，可按育种需要组织品系间的杂交，目的在于结合不同品系的优点，使品种整体质量得以提高。由于这时的品系都是经过较长期的同质选配或近交，遗传性比较稳定，因此品系间杂交的目的一般容易达到。例如，甲品系早熟、体格大，乙品系繁殖力高，二者杂交后其后代就会结合它们的优点于一身。在进行品系间杂交后，应根据杂交后羊群的新特点和育种工作的需要再着手创建新的品系。周而复始，以期不断地提高品种水平。

二、血液更新法

血液更新是指从外地引入同品种的优秀公羊来替换本场羊群中所使用的公羊，当出现以下情况时采用这种方法：①当羊群小、长期封闭繁育，并已出现由于亲缘繁殖而产生近交危害时；②当羊群的整体生产性能达到一定水平，但性状选择差变小，靠本场公羊难以再提高时；③当羊群在生产性能或体质、外形等方面出现某些退化时。

三、本品种选育法

本品种选育是地方优良品种的一种繁育方式，如阿勒泰羊就是通过品种内的选择、淘汰，加之合理的选配和科学的培育等手段，为达到提高品种整体质量的目的，使突出的优良生产性能得到完善的。因为阿勒泰羊品种在个体间、地区间的性状表型差异较大，所以选择强度提高的潜力较大。只要不间断地进行本品种选育，品种质量就会得到提高和完善。

阿勒泰羊本品种选育按照以下几方面开展：

第一，首先全面地调查研究阿勒泰羊品种分布的区域及自然生态条件、品种内羊只数量的区域分布及质量分布的特点、羊群饲养管理和生产经营特点及存在的主要问题等，即首先摸清品种现状，制定品种标准。

第二，选育工作以品种的典型产区（即中心产区）为基地，制定科学的鉴定方法和鉴定分级标准，统一选育目标，开展品种选育，在体型、外貌、毛色等方面保证选育群体的一致性；在选择过程中，选择体重较大、体型外貌一致的公、母羊建立选育核心群，以提高阿勒泰羊群体产肉性能为主要目的，开展选种选配；选育过程中对有传染病及遗传病的个体进行严格淘汰。

第三，严格按品种标准，分阶段地（一般以五年为一阶段）制定科学、合理的选育目标和任务。然后，根据不同阶段的选育目标和任务拟订切实可行的选育方案。选育方案是指导选育工作实施的依据，其基本内容包括：种羊选择标准和选留方法、羔羊培育方法、羊群饲养管理制度、生产经营制度，以及选育区内地区间的协作办法、种羊调剂办法等。

第四，为了加速选育进展和提高选育效果，组建了选育核心群或核心场。组建核心群（场）的数量和规模，要根据品种现状和选育工作需要来定。选入核心群（场）的羊只必须是该品种中最优秀的个体。核心群（场）的基本任务是为本品种选育工作培育和提供优质种羊，主要是种公羊。与此同时，在选育区内要严格淘汰劣质个体，杜绝不合格的公羊继续作种用。一旦发现特别优秀并证明遗传性稳定的种公羊，应采用人工授精等繁殖技术，尽可能地扩大其利用率。为了进一步加快品种的选育进程，在核心群基础上，建立三级繁育体系；即建立选育核心群、扩繁群、商品群繁育体系。要求核心群的羊只营养良好，与品质最好的公羊选配，系谱档案全面，育种资料翔实、可靠。扩繁群的羊饲养管理良好，各种品质优良。如果发现品质退化的羊，可以淘汰，归入商品群，进行出栏或育肥出栏。

第五，积极探索培育阿勒泰羊多胎新品系。一方面，导入优良基因。通过组建阿勒泰羊基础母羊群，引进含有多胎基因的小尾寒羊和中国美利奴多胎品系公羊或冻精，在基础群中广泛开展实施羔羊超排、同期发情、人工授精、羔羊早期断奶，实现多胎群体的快速扩繁，最终建立阿勒泰羊多胎品系。另一方面，在本品种内部选择多胎型。积极发现品种内部的多胎基因，采取必要的育种措施防止有益基因的漂移和丢失，不断稳固和提高品种质量。

第六，为了充分调动品种产区群众对选育工作的积极参与，可以成立品种协会。其任务是组织和辅导选育工作，负责品种良种登记，并通过组织赛羊会、产品展览会、交易会等形式，引入市场竞争机制，搞活良种羊产品流通，这对推动阿勒泰羊品种选育工作具有极为重要的实际意义。

四、选育提高

从现有阿勒泰羊品种资源现状来看，其原有品种部分生产性状已不能完全满足市场需要，需要在本品种选育的基础上进行杂交改良，以提高其生产性能和市场适应能力。一般而言，根据目的不同，杂交的方式可以分为级进杂交、育成杂交、导入杂交、经济杂交、远缘杂交等。对于阿勒泰羊而言，应用较多的是导入杂交和经济杂交。

（一）导入杂交及其在阿勒泰羊生产中的应用

当一个品种基本上符合市场经济发展的需要，但还存在某些个别缺点，用纯种繁育方法不易克服时可采用导入杂交的方法。导入杂交的模式是，用所选择的导入品种的公羊配原品种母羊，所产杂种一代母羊与原品种公羊交配，一代公羊中的优秀者也可配原品种母羊，所得含 1/4 导入品种血统的第二代，如经过测定符合育种计划要求时，就可进行横交固定；或者用第二代的公、母羊与原品种继续交配，获得含导入品种血缘 1/8 的杂种后代，若达到理想标准，再进行横交固定。因此，导入杂交的结果，在原品种中导入品种血含量一般为 1/8～1/4。导入杂交时，要求所用导入品种必须与被导入品种是同一生产方向。导入杂交的效果在很大程度上取决于导入品种及其具体所用公羊的选择、杂交中的选配，以及试验羊群的饲养管理条件等因素。

在我国，新疆生产建设兵团农十师 181 团场于 1994 年应用导入杂交的方法育成了阿勒泰肉用细毛羊。该品种是用从苏联引进的阿尔泰羊、高加索细毛羊为父本，当地的阿勒泰羊为母本，杂交培育出的 7.5 万只杂种细毛羊类群为基础，1986 年决定对该类群杂种羊确立"以肉用为主要方向，以品系繁育方法，采用本种选育和引种导血相结合，强化选择和加强对幼龄羊培育"的技术路线，分别建立品系。

（二）经济杂交及其在阿勒泰羊生产中的应用

经济杂交在绵、山羊生产实践中获得了广泛应用，目的在于生产更多更好的肉、毛、奶等养羊业产品，而不是为了生产种羊。因此，一般是采用两个品种进行杂交，以获得一代杂种。一代杂种具有杂种优势，不但其生产力和生活力都比较高，而且生长速度快、成熟早、饲料报酬比较高。因此，在商品养羊业中被普遍采用，尤其是在肉用养羊业中。近年来，在新疆维吾尔自治区的大力支持下，阿勒泰羊主产区引进了不少外地品种与阿勒泰羊进行经济杂交试验，取得了较好的经济效益，利用萨福克羊和陶塞特羊与阿勒泰羊的杂交试验表明，杂交结果改变了阿勒泰羊臀脂过大不符合市场要求的性状。

王冰等（2018）分析了萨福克羊、特克塞尔羊、道赛特羊 3 个引进肉羊品种与新疆地方品种阿勒泰羊杂交的 F_1 代羔羊生长发育情况，结果表明特克塞尔羊与阿勒泰羊杂交的后代初生重和后躯肌肉明显优于其他杂交组合。哈迪夏·达列力汗等（2017）应用德国肉用美利奴羊与阿勒泰羊进行杂交，结果表明 F_1 代羔羊体重和日增重均显著高于阿勒泰羊，预期经济效益显著。陈童等（2016）对萨福克羊与阿勒泰羊杂交公羔产肉性能的研究表明，萨阿杂交一代公羔活重、胴体重、一级肉率、去尾脂屠宰率和净肉率等指标均高于阿勒泰羊公羔，且尾脂率显著下降，说明使用萨福克羊公羊杂交改良阿勒泰母羊，杂交后代的胴体品质得到了明显改善，符合人们对"低脂肪、高蛋白"的消费需求。

（三）级进杂交及其应用

级进杂交又称为改造杂交或吸收杂交，是一种为迅速改造低产畜群生产方向而用本地低产母畜与某一优良品种公畜连续数代进行回交的杂交方法。在这一方面，为了改善阿勒泰羊羊毛品质，阿勒泰地区引进了多浪羊进行改良阿勒泰羊羊毛品质的研究。用多浪羊作父本，阿勒泰羊作母本进行了级进杂交，子一代、二代性能明显优于阿勒泰羊。抽样结果显示，子一代4月龄体重显著高于阿勒泰羊，臀脂重显著下降，子一代、二代产毛性能显著改善。

第四节　阿勒泰羊的性能检测

阿勒泰羊属肉脂兼用粗毛羊，在终年放牧、四季转移牧场的条件下，仍有较强的抓膘能力。具有耐粗饲、抗严寒、善跋涉、体质结实、早熟、抗逆性强、适于放牧等生物学特性。为了能够选择优秀种用个体，品种选育与保护工作必须首先对待选阿勒泰羊有关生产性能的表型进行测定。生产性能测定只有必须严格按照科学、系统和规范的规程实施，才能为阿勒泰羊的育种和保种提供全面、可靠的信息。

一、性能检测指标和时间

阿勒泰羊性能检测所涉及的性状指标应该与具有一定的价值或经济效益密切相关，一般分为生长发育性状、繁殖性状、屠宰性状等。鉴定阿勒泰羊性状时，测定的一般指标为：

生长发育性状测定初生重、断奶重、4月龄重、1.5岁重、2岁重（成年羊）及外貌评分，以及各年龄阶段的体长、体高和胸围等体尺性状。

繁殖性状测定产羔数、繁殖率。

屠宰性状测定屠宰率、净肉率等。

另外，阿勒泰羊被毛为全身棕红色或淡棕色，部分头部为黄色或黑色、体躯为花色，少数羊全身纯黑或纯白。建立不同毛色品系时，要记录毛色，并测定剪毛量。

每年在羔羊初生、月龄、断乳、周岁、成年时对保种场所有羊群组织个体鉴定，并详细、正确、清楚地记录。种公羊每年鉴定一次，母羊每年 6 月鉴定。剪毛后按核心群、扩繁群分别整群、组群。进行性能测定时，待测种羊应系谱清楚，个体编号符合要求，羊只身体健康、生长发育正常，无外形缺陷和遗传疾病，且待测前需接受检测工作专职人员的检查。

二、性能检测方法与要求

（一）性能检测方法

1. 生产性能测定基本原则

（1）严格按照科学、系统和规范的规程实施；

（2）测定结果应具有客观性和可靠性；

（3）同一育种方案中，性能测定的实施必须统一；

（4）保持连续性和长期性；

（5）性能测定指标的选取应随市场需求的改变而变化。

2. 生产性能测定方法和要求

（1）体重　指禁食 16～24 h、禁饮 2 h 的阿勒泰羊只自然状态下称测的质量，单位为 kg，结果保留至一位小数。

（2）初生重　羔羊初生后 1 h 内未饮初乳前称得的质量，单位 kg，结果保留至一位小数。

（3）体型外貌评定　主要测定的体尺指标包括体高、体长（体斜长）、胸围、胸宽、背高、管围等。

（4）体高　是指鬐甲最高点到地面的垂直距离，用杖尺或软尺测量。

（5）体长（体斜长）　指由肩胛前端至坐骨结节后端的直线距离，用杖尺或软尺测量。

（6）胸围　指在肩胛骨后端，围绕胸部 1 周的长度，用软尺测量。

（7）胸宽　指肩胛最宽处左右两侧的直线距离，用杖尺测量。

（8）胸深　指肩胛最高处到胸突的直线距离，用杖尺测量。

（9）管围　指管骨上 1/3 处的周围长度（一般测左腿管骨），用软尺测量。

（10）"十"字部高　指"十"字部到地面的垂直高度，用直尺或杖尺测量。

（11）剪毛量　指一次剪毛的羊毛重量。

3. 繁殖性能测定方法和要求

（1）产羔率　出生的活羔羊数与分娩母羊数的百分比，结果修约至两位小数。

（2）繁殖率　产活羔羊数与能繁母羊数的百分比，结果修约至两位小数。

4. 产肉性能测定方法和要求

（1）宰前活重　指屠宰前停止采食 12 h 以上和停止饮水 2 h 以上的活体重，以 kg 为单位，精确到小数点后 1 位。

（2）宰后重　指羊放血后的重量。

（3）胴体重　指羊去头、蹄、皮和内脏器官静置 30 min 后的重量。胴体包括肾脏和肾脂肪（板油）。

（4）净肉重　指胴体去骨后的重量。

（5）屠宰率　指胴体重占屠宰活重的百分率。

（6）净肉率　指净肉重占屠宰活重的百分率。

（二）性能评定标准

1. 被毛品质　被毛属于异质杂色毛，分为上、下两层，有较明显的毛丛结构。

（1）毛长　有髓毛长 12 cm，无髓毛长 6 cm。

（2）细度　有髓毛长 42 μm，无髓毛长 21 μm。

（3）毛纤维类型重量比　绒占 60%，两型毛占 4%，粗毛占 8%，干死毛占 28%。

（4）净毛率　70%。

2. 体重、体尺及剪毛量　初生重公羔为 4.5～5.0 kg，母羔为 4.0～4.5 kg。

在终年放牧的条件下，于每年 9 月膘度最肥时，一级羊体重、体尺及每年 6 月剪毛量下限指标见表 2-6。

3. 繁殖性能　初产母羊繁殖率为103％，经产母羊繁殖率为110％。

4. 屠宰率　平均屠宰率为51％～54％。

三、性能检测评定

（一）分级要求

1. 4月龄羔羊　同第二章第四节中"六、分级要求"的内容。

2. 1.5岁羊　同第二章第四节中"六、分级要求"的内容。

3. 2岁羊　同第二章第四节中"六、分级要求"的内容。

4. 种羊选择原则　对种公羊采取综合多次筛选法，公羔月龄鉴定时按系谱和个体性能从核心母羊群特一级母羊后代中选留。断奶鉴定后，优良个体进入后备公羊群，安排好的草场，交责任心强的放牧员饲养管理，冬、春季节进行补饲。周岁鉴定时，选择最优秀的个体作为后备公羊，1.5岁时进行试配，经后裔测定优秀个体作为主配公羊，开始扩大利用。

选配时应遵循用品质最好的公羊配最好的母羊，公羊的品质和生产性能高于母羊的原则，采取同质选配和异质选配相结合的方法。选择符合品种特征、性能表现突出的公、母羊留种；选择体重大、生长发育快的后备羔羊留种；选择初情早、配种早而又产多羔的母羊及其后代；选择断奶重大的多胞胎公、母羊及其后代；选择睾丸大、发育好的公羊及其后代。按照下面标准选择较高分值的种羊留种保种。后备种羊选择的综合指数评分依据见表4-1。

表4-1　综合指数评分依据

项　　目	满　分	评分依据
产羔数	30	对母羊已有产羔数分胎次评分，以得分较高的胎次为准
生长速度	35	本身6月龄的体重
乳房发育	5	发育良好
睾丸发育	5	发育良好
体长、体高、胸围	各5	实测值
体型外貌	10	符合品种特征

（新疆农垦科学院刘守仁和张云峰　石河子大学彭夏雨　编写）

第五章
阿勒泰羊品种繁育

阿勒泰羊的繁育主要以其生理学为基础，总结和提出相应的技术措施，以保持其正常或较高的繁殖性能，充分发挥其繁殖遗传潜力和生产性能，从而不断地提高养殖的经济效益。

第一节 阿勒泰羊生殖生理

一、生殖器官及生理功能

（一）公羊的生殖器官及生理功能

公羊的生殖器官包括睾丸、附睾、输精管、副性腺（精囊腺、前列腺和尿道球腺）和阴茎等，具有产生精子、分泌雄激素及交配的功能。

1. 睾丸　正常公羊的睾丸成对存在，为长卵圆形，其长轴与地面垂直。附睾位于睾丸的后外缘，头朝上、尾朝下。两个睾丸位于阴囊的两个腔内，重为 400~500 g，占体重的 0.57%~0.70%。睾丸内部被白膜隔成许多小叶，每个睾丸小叶内有 3~4 个弯曲的精细管（称曲细精管）。这些精细管到睾丸纵隔处汇成直细精管，直细精管在纵隔内形成睾丸网。精子产生于精细管，而雄性激素则产生于睾丸小叶的细胞间质。

睾丸主要功能是产生精子和分泌雄性激素。精细管的生精细胞经多次分裂后最终形成精子，并贮存在附睾中。公羊每克睾丸组织平均每天可产生精子 2 400 万~2 700 万个。间质细胞分泌的雄激素能激发公羊性欲及性兴奋，维持第二性征，刺激雄性器官的生长发育和机能完整。另外，由精细管和睾丸网产生大量的睾丸液，含有较高浓度的钙、钠等离子和少量的蛋白质，主要作用是维持精子的生存和有助于精子向附睾头部移动。

2. 附睾　附睾附着在睾丸的背后缘，分头、体、尾三部分。附睾头部和尾部较大，体部较窄。附睾是贮存精子和精子最后成熟的地方，也是排出精子的管道。在精子从附睾头到附睾尾的行程中，精子的原生质滴由颈部移向后端，从而使精子成熟，具有受精能力。精子通过附睾管时，附睾管分泌的磷脂质及蛋白质裹在精子的表面，形成脂蛋白膜，将精子包被起来，可防止精子膨胀，也能抵抗外界环境的不良影响。附睾管的上皮分泌物可供给精子营养；附睾内 pH 呈弱酸性和高渗透压环境，对精子的活动有抑制作用；附睾内温度比体温低 4～7 ℃，从而使精子在附睾中处于休眠状态，减少了能量的消耗。这些都为精子的长时间贮存创造了条件，保持有受精能力的时间达 60 d。另外，附睾液中含有许多睾丸液中不存在的有机化合物，对维持渗透压、保护精子及促进精子成熟能起一定的作用。

3. 输精管　输精管是精子由附睾排出的通道。它的管壁较厚，并比较坚实，分左、右两条，从附睾尾部开始由腹股沟进入腹腔，再向后进入骨盆腔部尿生殖起始部背侧，开口于精阜后段的射精孔。射精时，在催产素和神经系统的支配下输精管肌肉层发生规律性的收缩，使得管内和附睾尾部贮存的精子排出尿生殖道。输精管具有对死亡和老化精子的分解及吸收作用。

4. 副性腺　副性腺包括精囊腺、前列腺和尿道球腺。

（1）精囊腺　位于膀胱背侧、输精管壶腹部外侧，与输精管共同开口于精阜上。分泌物为淡乳白色、黏稠的液体，其含有高浓度的蛋白质、果糖和柠檬酸盐等成分，作用是供给精子营养（果糖）、刺激精子运动和维持精子的渗透压。

（2）前列腺　位于膀胱与尿道连接处的上方。公羊的前列腺分泌物是不透明的稍黏稠的蛋白样液体。其作用是刺激精子，增强其活力；吸收精子排出的二氧化碳，维持精液的偏碱性，利于精子生存和运动。

（3）尿道球腺　位于骨盆腔出口处上方。交配前阴茎勃起时，排出的少量液体，主要是尿道球腺分泌物，具有清洗和润滑尿道的作用，使精子免受尿液的危害。

副性腺的分泌物构成精液的液体部分。射精时副性腺分泌物与输精管内的分泌物混合形成精清，精清与精子共同组成精液。羊射出的精液中约 70% 为精清。精清将来自于输精管和附睾中高密度的精子稀释，扩大精液量，而且有助于精液输出体外和精子在母羊生殖道内的运行，供给精子营养，激发精子活力，刺激精子运动。

4. 阴茎　阴茎是公羊的交配器官，具有排尿和射精的双重作用。主要由海绵体构成，包括阴茎海绵体、尿道阴茎部和外部皮肤。成年公羊阴茎长30~35 cm，阴茎较细，在阴囊之后有 S 状弯曲。

（二）母羊的生殖器官及生理功能

母羊的生殖器官主要由卵巢、输卵管、子宫、阴道及外生殖器等部分组成。

1. 卵巢　卵巢是母羊生殖器官中最重要的生殖腺体，位于腹腔肾脏的下后方，由卵巢系膜悬在腹腔靠近体壁处，左右各 1 个，呈卵圆形，长1~1.5 cm、宽0.8~1 cm。卵巢组织结构分内外两层，外层叫皮质层，内层是髓质层。皮质层分布着许多原始卵泡，原始卵泡由一个卵母细胞和周围一个单层卵泡细胞构成，经次级卵泡、生长卵泡和成熟卵泡阶段，最终排出卵子，排卵后在原卵泡处形成黄体。髓质层分布有血管、淋巴管和神经。卵泡在发育过程中形成卵泡膜，卵泡膜分为血管性的内膜和纤维性的外膜。内膜分泌雌激素，一定量的雌激素是导致母羊发情的直接因素。排卵后形成的黄体能分泌孕酮，它是维持母羊妊娠所必须的激素之一。卵巢的主要功能是产生卵子和分泌雌激素。

2. 输卵管　输卵管位于卵巢和子宫之间，为一弯曲的小管，管壁较薄。输卵管的前口呈漏斗状，开口于腹腔，称输卵管伞，接纳由卵巢排出的卵子。输卵管靠近子宫角的一端较细的部分称为峡部。输卵管是使精子获能、卵子受精和受精卵开始卵裂的地方，并将受精卵输送到子宫。发情时，输卵管上皮的分泌细胞分泌各种氨基酸、葡萄糖、乳酸、黏蛋白及黏多糖，其是精子、卵子及早期胚胎的培养液。

3. 子宫　子宫包括两个子宫角、一个子宫体和一个子宫颈。羊的子宫属于双角子宫，一个中隔将两个像羊角状的子宫角分开。子宫位于骨盆腔前部、直肠下方、膀胱上方。子宫口伸缩性极强，母羊妊娠时子宫的面积和厚度均增加，其重量比未妊娠时的子宫增大 10 倍。子宫角和子宫体的内壁有许多盘状组织，称为子宫小叶，是胎盘附着母体取得营养的地方。子宫颈为连接子宫和阴道的通道。母羊不发情和怀孕时，子宫颈收缩得很紧，发情时稍微张开，便于精子进入。

子宫的生理功能有：一是母羊发情时，子宫借助于肌纤维有节律的、强而有力的收缩作用来运送精液，分娩时子宫以其强有力的阵缩作用来排出胎儿。二是胎儿发育生长的地方。子宫内膜形成的母体胎盘与胎儿胎盘结合，成为胎儿与母体交换营养和排泄物的器官。三是在发情期前，内膜分泌物的前列腺素对卵巢黄体有溶解作用，以致黄体机能减退，在促卵泡素的作用下引起母羊发情。四是子宫颈黏膜分泌细胞分泌的黏液的微胶粒方向线，将一些精子导入子宫颈黏膜隐窝内，可以滤剔缺损和不活动的精子。

4. 阴道　阴道是母羊的交配器官和产道。前接子宫颈口，后接阴唇，靠外部 1/3 处的下方为尿道口。阿勒泰羊母羊阴道长 8～14 cm，其生理功能是排尿、发情时接受交配、分娩时产出胎儿。母羊发情时，阴道上皮细胞角质化状况变化显著，依此可对母羊的发情排卵及配种时机作出较准确的判断。

5. 外生殖器　外生殖器包括前庭、阴唇、阴蒂和前庭腺。

二、性成熟及发情

（一）公羊的性成熟与性行为

1. 初情期　公羊的初情期是指公羊开始出现性行为，并第一次释放出精子的时期，是性成熟的初级阶段。它是由于促性腺激素活性不断加强，以及性腺能同时产生类固醇激素和精子的能力逐渐调整一致的结果。初情期公羊虽然已经初步具备了生殖能力，但此时也是生殖器官和身体发育最为迅速的生理阶段，其身体发育还未成熟，如果配种则会增加公羊的负担，并可能影响今后的繁殖性能。生产实践中，公、母羊在初情期前应该分群饲养，防止其随意交配。可根据体重、睾丸大小和采精后精液品质的评定来评估阿勒泰羊公羊的初情期。在正常饲养管理条件下，阿勒泰羊公羊初情期相对较早，一般为 4～6月龄。初情期受生理环境、光照、父母代的年龄、环境温度、体重、断奶前后生长速度等因素的影响，同时营养水平可调节初情期。

2. 性成熟　公羊的性成熟是指公羊生长到一定年龄后，生殖机能达到比较成熟的阶段，生殖器官已发育完全，并出现第二性征，能产生成熟的具有受精能力的精子。公羊达到性成熟后，虽然已经具备了正常繁衍后代的能力，但其身体仍在继续生长发育。如果此时配种，必定会影响公羊身体的进一步生长发育和降低繁殖力。因此，公羊即使性成熟后也不应过早配种。影响公羊初情期、性成熟的因素较多，如营养水平、环境因素及个体差异等。一般公羊达到性成熟的年龄与体重增长速度是一致的，体重增长快的个体，其达到性成熟的年龄比体重增长慢的个体早。阿勒泰羊一般在 6～9 个月即达到性成熟。

3. 初配年龄　初配年龄是在生产中根据公羊的生长发育情况及生产实际需要人为确定的，并非一个特定的生理阶段。一般阿勒泰羊公羊的初配年龄在性成熟年龄之后再推迟数月，在 15～18 月龄即可开始初配。在实际生产中，种羊场对种公羊的初配年龄应该严格掌握，不宜过早或过迟，商品羊场则可以适度提早开始初配。公羊的初配年龄应根据羊的饲养管理条件及不同地区气候条件而定，不能一概而论。

4. 性行为　性行为是指初情期后，公、母羊接触中，在激素的作用下，通过神经刺激（嗅觉、听觉、视觉和触觉）相互发生联系的基础上所表现出来的特殊行为。公羊的性行为主要表现为性兴奋、求偶、交配，常有口唇上翘、发出连串鸣叫声、前蹄刨地、歪头亲闻母羊等动作，性兴奋发展到高潮时即进行爬跨交配。公羊性行为出现得较早，1～2 月龄即有性行为。

（二）母羊的发情与性成熟

1. 母羊的性成熟　发情是由卵巢上的卵泡发育引起，受下丘脑-垂体-卵巢轴系调控的生理现象。母羊一般在开始发情前 3～4 d，卵泡开始生长，随着卵泡内膜增生和卵泡液分泌的增多，卵泡体积增大，卵泡壁变薄而突出于卵巢表面，至发情症状消失时卵泡已发育成熟，卵泡体积达到最大。在激素的作用下，卵泡壁破裂，卵子从卵泡内排出，即排卵。

母羊性机能的发展过程中，一般分为初情期、性成熟期及繁殖机能停止期（指停止繁殖的年龄）。此外，为了指导生产实践，还有一个初配适龄问题。各期的确切时间点也因饲养、管理、自然环境、个体生长发育及健康情况不同而有所不同。

母羔在生长、发育中，当其达到一定年龄和体重时，即出现第一次发情和排卵，此次发情被称为初情期。阿勒泰羊母羊的初情期一般为 5～7 月龄。母羊的第一次发情，往往有安静发情现象，即只排卵而没有发情症状，这可能是因为在发情前需要少量孕酮，才能使中枢神经系统适应于雌激素的刺激而引起发情。但是在初情期前，卵巢中没有黄体存在，因而没有孕酮分泌，所以母羊往往只排卵而不发情。当年龄达到 8～9 月龄时，生殖器官已发育完全，发情和排卵正常，母羊便具备了繁殖后代的能力，此时期称为性成熟。此时，生殖器官已发育完全，但身体的生长发育尚未完成，故一般尚不宜配种，以免影响母羊本身和胎儿的生长发育。母羊的初配适龄应根据具体生长发育情况而定，一般比性成熟晚一些，开始配种时的体重应为其成年体重的 70% 左右。阿勒泰母羊的初配适龄一般为 1.2～1.5 岁。

2. 母羊的发情周期

（1）母羊发情周期的概念及影响因素　母羊自第一次发情后，如果没有配种或配种后没有受胎，则每隔一定时期便开始下一次发情，周而复始，循环往复。从第一次发情开始至下一次发情开始，或者从一次发情结束到下一次发情结束所间隔的时间，称为发情周期。阿勒泰羊母羊发情属于季节性发情，只有在发情季节才能发情排卵；在非发情季节，卵巢机能处于静止状态，不会发情排卵，称为乏情期。阿勒泰羊在发情季节有多个发情周期，发情周期平均15.8 d，发情持续期平均 45.10 h。

母羊的发情周期主要受神经内分泌系统的控制，但也受外界环境条件的影响。了解母羊发情周期中生殖激素的变化对于了解发情周期调节控制有较大帮助。在发情周期开始的几天，外周血中孕酮浓度低，第 3～11 天迅速升高。绵羊在黄体期中最少出现两次卵泡生长峰。第二个雌激素峰与排卵率有关，第二个峰越明显，预示排卵率越高。阿勒泰羊在发情周期第 13 天进入卵泡期，此时的孕酮水平急剧下降，失去反馈作用，引起黄体生成素（luteinizing hormone，LH）剧增，出现排卵前 LH 峰；同时，也促进雌激素迅速升高，出现与 LH 峰呈平行关系的雌激素峰。光照时间的变化对于绵羊性活动的影响较明显。绵羊的发情季节发生于光照时间最短的季节，即秋分至春分季节。温度对绵羊发情季节也有影响，但其作用与光照比较是次要的。母羊在一个长时间内保持在恒定的高温或低温下，都会影响其发情季节的开始。另外，如果饲养营养水平高，则母羊的发情季节可以适当提早；反之，就会推迟。

（2）母羊发情周期的划分和特点　母羊在发情周期中，卵泡和黄体交替存在，形成一个发情周期，因此将发情周期划分为卵泡期和黄体期。卵泡期指卵泡从开始发育至发育完全并破裂、排卵的时期。母羊卵泡期持续 4～5 d，占整个发情周期的 1/3。在卵泡期，卵泡发育增大，分泌雌激素，使子宫内膜增殖肥大，子宫颈上皮细胞呈高柱状，深层腺体分泌活动加强，流出大量黏液，管道松弛，为配种提供有利条件。黄体期指黄体开始形成至消失的时期。卵泡破裂后形成黄体，黄体逐渐发育，待生长至最大体积后又逐渐萎缩，至消失时卵泡开始发育。在黄体期，黄体分泌孕酮，作用于子宫，使内膜进一步发育并增厚，血管增生，肌层继续肥大，腺体分支弯曲，分泌活动增加，为受精卵的附植创造有利条件。

发情前期卵巢有 1 个或 1 个以上的卵泡发育；发情期卵泡的增长速度很快，卵泡壁变薄，血管增生，卵泡突出表面，呈半球状。排卵前约 1 h，出现透明的圆形排卵点；排卵时，排卵点形成锥状突起，卵泡在此破裂排卵。

排卵后，卵泡腔内并无出血现象，破口处被小凝血块所封闭，卵泡壁向内增长。排卵后 30 h，卵泡腔消失，形成黄体。排卵后 6～8 d，黄体达到最大体积，直径约 9 mm。黄体颜色初为粉红色，随着间情期的进展，颜色逐渐变淡。母羊的发情周期较短，故黄体在排卵后 11～13 d 便开始退化，且退化速度很快。

3. 母羊发情的性行为和排卵　发情母羊的行为表现不明显。发情开始时，卵泡分泌的雌激素和少量孕激素刺激中枢神经系统，母羊出现性兴奋。主要表现在食欲减退、鸣叫、接近公羊，并强烈摆动尾部，或举腰弓背、频繁排尿，被公羊爬跨时静立不动，但发情母羊很少爬跨其他母羊。母羊发情时，阴道内有黏性分泌物流出，外阴部稍有肿胀或充血。初次发情母羊发情症状更不明显，且大多拒绝公羊爬跨，故需注意观察和做好试情工作，以便适时配种。

母羊排卵多发生在发情后期，卵子保持受精能力的时间约为 20 h。母羊妊娠时，经过卵泡发育、排卵、受精、着床、妊娠、分娩、哺乳的全过程，称为完全生殖周期，其中从受精到分娩称为妊娠期。阿勒泰羊母羊的妊娠期平均为152 d。如果营养良好，妊娠期有缩短的可能。经产母羊产羔率为 110%，初产母羊产羔率则为 100%。

第二节　阿勒泰羊配种方法

一、母羊的发情鉴定

掌握母羊发情鉴定技术，确定适时输精时间很重要。阿勒泰羊母羊的发情期短，外部表现不明显，又无法进行直肠检查，因此主要依靠试情，并结合外部观察。根据母羊发情晚期排卵的规律，早晨选出的母羊下午配种，第 2 天早上再复配一次；晚上选出的母羊到第 2 天早上第一次配种，下午进行复配，这样可以大大提高受胎率。

（1）试情法　用公羊来试情，根据母羊对公羊的表现判断发情是较常用的方法之一。将试情公羊（结扎输精管或腹下带兜布的公羊）按一定的比例（一般为 1∶40）每日一次或早晚两次定时放入母羊群中。母羊在发情时可能寻找公羊或尾随公羊，但只有母羊站着接受公羊的逗引及爬跨时，才能是发情旺期。发现母羊发情时，将其从羊群中分出，继续观察，以备配种。也可在试情公羊的腹部装发情鉴定装置，或在其胸部涂上颜料，如果母羊发情并接受公羊爬跨时，便将颜料涂于母羊的臀部，以便识别。此法简单易行，易于掌握，广泛用于实践。试情公羊应健壮、无疾病、性欲旺盛、无恶癖。

（2）外部观察法　观察母羊的外部表现和精神状态，如母羊是否兴奋不安、外阴部的充血肿胀程度；另外，还要看黏液的量、颜色和黏性等，看母羊是否爬跨别的母羊及摆尾、鸣叫等。

（3）阴道检查法　指通过用清洁、消毒的开膣器检查阴道内的黏膜颜色、润滑度、子宫颈颜色、肿胀情况、开张大小，以及黏液量、颜色、黏稠度等来判断母羊的发情程度。此法不能精确判断发情程度，但有时可作为母羊发情鉴定的参考。

二、配种时间的确定

母羊发情后，可采取双重配种或者两次配种输精的方法，从而提高母羊的配种受胎率。实际生产中，一般对已经确认的发情母羊，第一次输精在发情后 12~14 h 后进行，通常两次输精的间隔时间为 10~12 h。

阿勒泰羊的配种时间，可根据各羊场的饲养条件来确定。根据配种时间和产羔时间，通常把羊产羔分为冬产羔和春产羔。一般情况下，每年 8—9 月配种，翌年 1—2 月所产羔羊为冬羔；每年 10—12 月配种，翌年 3—5 月所产羔羊为春羔。冬季产羔和春季产羔各表现出不同的优点和缺点，选择羔羊的何种生产方式，应根据当地自然条件和饲草饲料储备、饲养管理水平而定。

1. 产冬羔的优劣　产冬羔的优点有：①羔羊发育好，抗病力强。②8—9 月绵羊经过抓膘，膘情达到了满膘，此时配种采取人工授精的方法，第一情期受胎率可达 80% 以上，绵羊配种两个情期受胎率可高达 95%，受胎率高。③此时受胎的母羊营养好，利于羔羊胚胎发育，羔羊出生时体重较大，冬产羔体重通常比春产羔重200～300 g。④羔羊断奶后，正值青草期，饲草充足，加上适当补饲，因此羔羊生长速度较快。产冬羔的劣势有：①舍饲时间较长，哺乳后期正值枯草期，因此需要准备充足的饲草料。②产羔期正值寒冷季节，需要建设暖圈，一次性投资较大。

2. 产春羔的优劣　产春羔的优点有：①产羔时，天气开始转暖，有简易羊圈就可产羔，一次性投入成本较低。②母羊在哺乳期能够吃上青草，有足够的奶水哺乳羔羊。产春羔的劣势有：①春产羔配种采取人工授精技术，第一情期受胎率为65％左右，配种两个情期受胎率约75％，受胎率偏低。②羊怀孕期大部分时间处在枯草期，由于母羊营养不良，因而所产羔羊体质欠佳，出生重较小。③春季气候变化无常，常有风霜，甚至下雪，且气候转暖后，微生物开始大量繁殖，羔羊容易得病，死亡率较高。④牧草长出后，羔羊年龄尚小，不宜跟群放牧。

因此，在气候寒冷或饲养条件较差的地方适宜产春羔。一般早春羔比晚春羔要好。在条件好的羊场，可以产冬羔。

三、配种的一般方法

阿勒泰羊配种方法可分为自然交配和人工授精两种。阿勒泰羊的常规自然交配方法包括自由交配和人工辅助交配两种。

（一）自由交配

指将公羊放在母羊群中，让其自行与发情母羊交配。这是一种原始的配种方法，由于完全不加控制，因此存在不少缺点：①1只公羊所配母羊约30只，不能充分发挥优良种公羊的作用；②公、母羊混群放牧，消耗公羊体力，影响母羊抓膘；③不能记载母羊妊娠的确切日期，较难掌握产羔的具体时间；④羔羊系谱混乱，不能进行选配工作。因此，一般不采用自由交配，只是在小群散养或人工授精工作结束时不得已而采用。

（二）人工辅助交配

这种方法要求人工帮助配种。公、母羊全年都是分群放牧的，在配种期内，先用试情公羊挑选出发情母羊，再让发情母羊与指定公羊交配，其优点是能进行选配。交配由人工控制，能知道交配日期与种公羊羊号，可以预测产羔日期。在配种期内每只公羊的与配母羊可增加到 60～70 只。因此，在羊群不大、种公羊比较充足的羊场，可以采用此种方法。

（三）人工授精

人工授精是用器械采集公羊精液，再将精液输入发情母羊的子宫颈内，使母羊受孕的方法。这是一种科学的配种方法，可以大大提高公羊的配种效能，有很多优点。因此，在大型羊场中应广泛应用。

1. 准备工作　各种器械、用具使用前都要清洁消毒，消毒方法有用酒精灯的火焰烧、用酒精擦、用开水冲洗等。每次人工授精技术操作均需做到"无菌保精"。人工采精时，需要假阴道，其准备过程是：将内胎安装在外壳上，四面光滑均匀，松紧合适，装好固定圈，从气口处装水，检查内胎有无漏水、漏气现象，用 0.9% 的氯化钠液冲洗。假阴道内外及消毒杯用 75% 的酒精消毒后，打开杯盖，放置整齐，用纱布盖好备用。中性凡士林可放入消毒锅内蒸煮 20～30 min 消毒。采精器械和药品包括假阴道外壳、假阴道内胎、集精杯、玻璃棒、温度计、烧杯、凡士林、生理盐水；验精器械和药品包括显微镜、载玻片、盖玻片、台布、托盘、纱布、生理盐水；输精器械和药品包括输精枪、调节器、开膛器、盆、天平、氯化钠、碳酸氢钠；消毒器械和药品包括高压锅、镊子、纱布、酒精、碳酸氢钠。

2. 人工授精技术　人工授精技术包括精液采集、精液品质检测、精液稀释、人工输精和精液保存等技术环节。

（1）精液采集　公羊精液使用假阴道方法进行采集。首先，选择 1 只健康的发情母羊作为台羊，将其颈部固定在采集架上，洗净、擦干、消毒外阴部，以防采精时损伤公羊阴茎。其次，准备假阴道，具体步骤：一是洗刷内胎，检查其是否漏水；二是安装、消毒与冲洗假阴道（临用前用配制的稀释液冲洗）；三是灌温水；四是涂稀释液；五是吹入空气，使之呈 Y 状或三角形状；六是检查与调节内胎温度，并调节内胎压力。假阴道经冲洗与消毒后，用漏斗从灌水孔注入 50～55 ℃温开水 150～180 mL，然后塞上带有气嘴的塞子，夹层中吹入适量空气，增加弹性，调整压力，关闭气嘴活塞，灌水量以外壳与内胎之间容积的 1/3～1/2 为宜，假阴道内腔温度为 39～40 ℃采精最好。最后，用棉球蘸取稀释液或生理盐水，涂抹于假阴道内胎上，深度为假阴道的 1/3～1/2。

用消毒过的温度计插入假阴道内胎检测温度，当内胎温度合适时吹气加压，调节内胎压力后，即可用于采精。

采精时，先用毛巾或纱布将公羊腹部的粪便杂物擦拭干净，采精员蹲在母羊右侧后方，右手横拿假阴道，活塞向下，使假阴道与地面呈 30°～40° 角。当公羊爬跨母羊伸出阴茎时（注意勿使假阴道或手碰到阴茎），细心而迅速地用左手将阴茎导入假阴道中。当公羊出现向前冲的动作时，表明已射精，这时应迅速把假阴道竖起，放出空气，用毛巾擦干外壳，取下集精瓶，盖上盖，立即送到精液检查室镜检。种公羊每周采精 2～3 次，必要时可采精 4～5 次，2 次采精间隔 2 h 以上。

（2）精液品质检测　精液品质检测就是通过检查精液外观、气味、精液量、pH、活力、密度等判断精液质量。

精液采出后，应及时进行品质检查和稀释处理。为使精子在体外条件下维持良好的品质，将精液置于适宜的环境中非常重要。环境对精液品质有多方面的影响。首先，精子活动的最佳温度为 37～38 ℃，能耐受的最高温度为 45 ℃。精液不宜在室温以上的环境中存放，高温能加快精子代谢速度，消耗其大量能量，缩短寿命。突然降温易使精子休克，故应缓慢降温。37 ℃ 时精子活动最强。其次，精子易受紫外线、红外线的杀伤，应避免其受光线尤其是日光直射。精子在弱碱环境中的活动受到抑制，能延长存活时间。剧烈振动可损伤精子，使其受精力降低。

精液品质检查应在室温下进行，包括肉眼检查和显微镜检查。肉眼检查时，正常精液为乳白色，呈云雾状，无味或略带腥味，如果出现红色、褐色、黄绿色或带有腐臭气味的都不可用于输精，射精量一般为 0.5～2.5 mL。显微镜检查时，显微镜保温箱内的温度为 35～38 ℃，在 400～600 倍显微镜下进行检查。显微镜检测时视野里能看见密集的精子，精子间几乎无空隙的评为"密"；如果精子与精子之间的空隙相当于一个精子，能看见每一个精子的活动评为"中"；在视野中能看见少量的精子，精子之间的空隙很大，超过了一个精子的评为"稀"；如果精液内没有精子可用"无"字做记号。精子活力以直线前进运动的精子计算，用 5 分制评定。显微镜下如果精子 100% 做直线运动，则评为 5 分；80% 做直线运动，则评为 4 分；依次类推，每少 20% 减 1 分。如果精液内只看到摇摆运动而无直线前进的精子，说明精子无活力；如果精子全不活动，则以"死"表示。凡经检查公羊精液密度为"密"或"中"，活力为"5"或"4"分的,则精液可用作输精;否则不能用作输精,以免影响母羊受胎率。

(3)精液稀释 如用原精液输精时,一般每只羊为0.05~0.10 mL。为充分发挥优良种公羊的作用,可对精液进行稀释,从而增加精液容量,扩大受配母羊数量。一般可用0.85%~0.9%的氯化钠溶液进行精液稀释,稀释比例可按需要而定,一般以1.2~4倍为宜,同时要保持18~25℃的室温。稀释后及输精前后都应进行肉眼检查。

(4)人工输精 输精前先观察精液,合格者方可用于输精。然后将发情母羊外阴部用0.1%的新洁尔灭液消毒,再用温水洗净擦干。

① 温度 输精室温度应保持在22~25℃。稀释液的温度应在30~32℃,与精液温度相同。

② 输精量 每只羊用原精液0.05~0.10 mL,稀释精液0.1~0.2 mL。给初配母羊输精时,精量应加倍。

③ 输精次数 每天不得少于2次,时间间隔为10~12 h。

④ 输精 左手持开张器打开阴道,慢慢转动,寻找宫颈口,右手持输精针插入子宫颈0.5 cm处进行输精。

⑤ 再次输精注意事项 输精后,保定人员将羊臀部按拍一下,输精器与开张器用0.9%的氯化钠液棉球擦洗,再进行第2次母羊的输精。

⑥ 输精原则 贯彻"五不输"的原则,即母羊发情不旺不输、找不到宫颈口不输、精液品质不好不输、母羊保定不好不输、生殖道有疾病不输。

(5)精液保存 常采用常温保存、低温保存和冷冻保存3种方式。常温保存和低温保存精液时应保证温度相对稳定,常温保存要求温度控制在15~25℃,精液可保存在室内、水浴或保温箱中,此温度保存的精液应在1 d内使用。低温保存应控制在0~5℃,精液可保存在冰箱或冷藏室中,一般情况下可保存7 d左右。同时,常温和低温保存过程中应防止精液受细菌污染。冷冻保存是利用液氮将精液冷冻后保存在液氮罐中,从而可长期保存。冷冻保存精液的剂型包括颗粒和细管两种,颗粒冷冻精液是指将精液滴冻在经液氮预先冷却的氟板或金属板(网)上,制作成约0.1 mL的颗粒状冷冻精液。羊细管冷冻精液是指通过一定仪器设备将经过稀释并在一定温度下平衡后的精液分装在塑料细管内,用聚乙烯醇粉末或热封口后置液氮蒸气中冷冻,最后浸入液氮中保存。

常温保存的稀释液以糖类和弱酸盐为主体，pH 偏低（弱酸性），有鲜乳稀释液和葡萄糖-柠檬酸钠-卵黄稀释液。鲜乳稀释液是将新鲜牛奶或羊奶用数层纱布过滤，然后水浴加热至 92～95 ℃，维持 10～15 min，冷却至室温，除去奶皮，每毫升加 1 000 单位青霉素和 1 000 μg 链霉素。葡萄糖-柠檬酸钠-卵黄稀释液是先在 100 mL 蒸馏水中加 3 g 葡萄糖、1.4 g 柠檬酸钠，溶解过滤后煮沸消毒 15～20 min，降至室温后再加入 20 mL 新鲜卵黄，最后每毫升溶液加入 1 000 U 青霉素和 1 000 μg 链霉素。低温保存稀释液以奶类或卵黄为主体，具有抗冷休克的特点。常用绵羊精液低温保存稀释液配方为：先在 10 g 奶粉中加入 100 mL 蒸馏水配成基础液，然后取 90% 基础液，加入 10% 卵黄，最后每毫升溶液中加入 1 000 U 青霉素和 1 000 μg 双氢链霉素。冷冻保存稀释液以卵黄、甘油为主体，具有抗冻的特点。另外，精液冷冻成颗粒时还需要解冻液。

第三节　阿勒泰羊母羊妊娠与胎儿生长发育

了解精子与卵子的受精、母羊的妊娠、胚胎发育，以及母羊妊娠后发生的生理变化等，是对配种后母羊进行妊娠诊断和对妊娠母羊进行科学饲养管理，从而提高羊群的繁殖效率的理论基础。

一、受精

（一）配子在受精前的准备

在受精前，精子和卵子分别要经历一定的生理成熟才能受精，从而奠定合子正常发育的基础。

1. 精子的获能　一些新射入母羊生殖道内的精子或经睾丸取出的精子，不能立即和卵子受精，必须经历一定时期，进行某种生理上的准备，经过形态及生理生化的某些变化之后，才能获得受精能力，这一生理现象称为精子获能。

一般来说，精子获能先在子宫内进行，最后在输卵管内完成，子宫和输卵管对精子的获能起协同作用。除子宫、输卵管外，其他组织液也能使精子获能，但这种获能不像在输卵管内获能那样完全，只能部分获能。现已发现，精子获能不仅可在同种动物的雌性生殖道内完成，还可在异种动物的雌性生殖道内完成，另外也可在体外人工培养液中完成。

在自然情况下，交配发生在发情初期或前期，而排卵发生在发情末尾或结束之后。精子快速运行至受精部位，时间要先于卵子许多小时，在此期间精子得以获能。据测定，绵羊精子获能的时间需 1.5 h。

2. 卵子在受精前的准备　卵子排出后，在受精时也有类似精子获能的成熟过程。已发现，小鼠、大鼠、仓鼠的卵子被精子穿入是在排卵后 2～3 h 才开始的。在这段时间内发生了哪些生理生化变化，目前尚不清楚。有学者提出，小鼠刚排出的卵子，尚处在第一次成熟分裂到第二次成熟分裂的中间期，以后经历 3 h 才达到第二次成熟分裂的中期，这时才具备被精子穿入的能力。此外还发现，小鼠、大鼠和兔的卵子，在被排出后皮质颗粒的数量继续增加，并继续向卵周围移动，当皮质颗粒达到最大数量时，卵子的受精能力最高。另外，卵子进入输卵管后，卵黄膜的亚显微结构发生变化，暴露出和精子结合的受体。

（二）精子的顶体反应

精子获能之后，在穿越透明带前后很短的时间内，形态上可以看到顶体帽前面膨大。接着精子的质膜和顶体外膜融合，融合后的膜形成许多泡状结构，最后这种泡状结构和精子头部分离，然后精子头部的透明质酸酶、放射冠穿透酶和顶体酶等通过泡状结构的间隙释放出来，这一过程称之为顶体反应。与此同时，精子尾部的振幅加大，呼吸增强。

（三）受精

大多数哺乳动物的卵子是在第一极体排出后才开始受精的，因此当精子遇卵子时，卵子正在进行第二次成熟分裂。一般情况下，卵子由外向内包被有放射冠细胞、透明带和卵黄膜三层。受精时精子依次穿过这三层结构，进入卵子之后，精子核形成雄原核，卵子核形成雌原核，然后配子配合，完成受精。

雄原核和雌原核在充分发育的某一阶段，相向移动，彼此接触，两者很快开始缩小体积，同时开始合并，核仁和核膜消失，原核不再可见，两组染色体合并起来，组成一组染色体，它代表了第一次卵裂的前期，从两个原核的彼此接触到两组染色体的结合过程，称为配子配合，至此受精即告结束。

交配或输精时虽有大量精子射入，但是经过在子宫颈、子宫、输卵管中的运行后，到达壶腹部的精子只有几百个，越接近受精部位数量越少。即使如此，在受精部位，1个精子碰到1个卵子的概率仍然很高。人工授精时，只有输入的精子数不能低于某一限度，才可保证壶腹部有足够的用以受精的精子。

二、妊娠识别

受精卵存活于子宫内，即与母体交互发生极为复杂的联系，它是以内分泌活动为基础的。孕体（胎儿、胎膜和胎水构成的综合体）是一个非常活跃的激素生产单位，在妊娠的起始、维持和终结方面，很大程度上起着主导作用。它不但控制着自身的发育，也影响母体的生理状况，以为自身提供良好的发育条件。妊娠初期，孕体即能产生信号（激素）传感给母体，母体逐渐产生一定的反应，从而识别胎儿的存在。由此孕体和母体之间建立起密切的联系，这叫做妊娠识别。

绵羊至少在妊娠 14 d 之前，孕体即发出信号，母体据此识别妊娠，妊娠 15 d 的孕体中有一种叫做绵羊绒毛膜促性腺激素 oCG 的物质，能刺激黄体的功能。另外，孕体还能产生胎盘促乳素，有促黄体的作用。目前已证实，滋养层素直接作用于前列腺素合成途径，中和、转变或阻止前列腺素 $F_{2\alpha}$ 的分泌，减少它的释出，起着自我保护的作用。这种信息出现于母羊下次发情之前 2~3 d。

三、胚胎发育

受精的结束标志着合子（即早期胚胎）开始发育，起初发育的显著特点是：①DNA 的复制速度非常迅速；②仅限于细胞分裂而没有生长，亦即原生质的总量没有增加，甚至还有减少（绵羊减少 40%），细胞分裂是在透明带内进行的，因此整个体积并未增加，这种分裂称为卵裂。合子发育的形态特征大体可分为 2 细胞、4 细胞、8 细胞、16 细胞、桑葚胚、囊胚、原肠胚等几个期。

在桑葚胚、囊胚发育过程中可以看到细胞定位现象，即较大的、分裂不活跃的核蛋白和碱性磷酸酶密集的细胞聚集在一个极，偏向囊胚腔的一边，叫做内细胞团；小而分裂活跃、富含黏多糖和酸性磷酸酶的细胞聚集在另一个极，形成胚胎的外层，继而形成滋养层。前者进一步发育为胚胎本身，后者将来发育为胎膜及胎盘。羊胚胎发育的第6～7天，如果人为地将内细胞团一分为二，就能分别发育出生两个个体。胚泡进一步发育后，出现内胚层，此时称为原肠期。羊胚胎的内胚层，除绵羊是由内细胞团迁移分离出来的外，其他羊是由滋养层发育出来的。以后内细胞团插入并突出，与滋养层形成胚盘，它包括胚胎外胚层在内。以后在内胚层和滋养层之间出现中胚层，中胚层又分化为体中胚层和脏中胚层。

四、妊娠

（一）妊娠期

妊娠是母羊特殊的生理状态，由受精卵开始，经过发育，一直到成熟胎儿产出为止，所经历的这段时间称为妊娠期。阿勒泰羊的妊娠期平均150 d。母羊配种后20 d不再表现发情，则可判断已经怀孕。妊娠初期，是胚胎形成阶段，母羊身体状况变化不大。妊娠2～3个月时，胎儿已经形成，手可触摸到腹下及腹前有硬块。但因胎儿体格很小，此阶段母羊消耗营养不多。在妊娠4～5个月时，即妊娠后期，胎儿生长发育迅速，母羊体内物质代谢和总能量代谢急剧增强，一般比空怀时高20%。

（二）妊娠母羊的表现

母羊妊娠后，腹部增大，肷窝下塌、增大，角上出现深陷沟，行动小心缓慢，性情温驯。这段时间妊娠母羊新陈代谢旺盛，消化能力提高，因此要加强营养，满足胎儿迅速增长的需要，同时应防止因剧烈运动、相互拥挤、气温骤变、疾病感染等造成母羊流产、早产。

母羊妊娠后，生殖器官也发生变化：妊娠黄体则在卵巢中持续存在，从而使发情周期中断；妊娠母羊子宫增生，继而生长和扩展，以适应胎儿的生长发育；妊娠初期，阴门紧闭，阴唇收缩，阴道黏膜的颜色苍白；临产前阴唇表现水肿，其水肿程度逐渐增加。

母羊妊娠后，体内生殖激素发生了很大变化。首先是内分泌系统协调孕激素的平衡，以维持妊娠。孕酮，又称黄体酮，是卵泡在促黄体素（LH）的刺激下释放的一种生殖激素，其与雌激素协同发挥作用。雌激素是在促性腺激素的作用下由卵巢释放，继而进入血液，通过血液中雌激素和孕酮的浓度来控制垂体前叶分泌促卵泡素和促黄体素的水平，从而控制母羊发情和排卵。雌激素和孕酮是母羊维持妊娠所必需的。

（三）妊娠诊断

母羊配种后经过一定时间，应通过妊娠诊断技术以确定其是否妊娠，以检出空怀母羊。另外，采用妊娠诊断技术还可以进一步确定母羊妊娠日期，以预测其分娩日期。

配种后，如能尽早进行妊娠诊断，对于母羊保胎、减少空怀、提高繁殖率及有效地实施生产、经营、管理都是相当重要的。妊娠检查后，对于确定妊娠的母羊应加强饲养管理，以维持母体健康，避免流产；若确定母羊未孕，应及时查找原因，如交配时间及配种方法是否合适、精液品质是否合格、母羊生殖器官是否患病等，以便改进或及时治疗。

寻找一种简单、实用、准确、有效的妊娠诊断特别是早期妊娠诊断方法，始终是畜牧兽医工作者力图解决的课题之一。在实际生产中，若能及早发现空怀，则可以及时采取复配措施，不致错过配种季节，以提高受胎率，其经济效益明显。

妊娠诊断的方法大体有：①直接检查是否有胎儿、胎膜和胎水存在，如腹壁触诊法、听诊（胎儿心音）法、X光检查法和超声波检查法等。②检查与妊娠有关的母体变化，如观察腹部轮廓、乳房等变化。③检查与妊娠有关的激素变化，如血液或乳中孕酮水平测定、尿中雌激素检查。④检查由于胚胎出现而产生的某种特有物质，如免疫学诊断。⑤检查由内分泌变化所派生的母体变化，如观察羊是否再发情，检查阴道是否有妊娠变化，检查子宫颈、阴道黏液的理化性状，或利用外源激素检查母羊是否产生某种特有反应。⑥检查由于妊娠而导致的母体阴道上皮出现的细胞学变化。

五、胎儿生长发育

绵羊胎儿子宫内发育是个体发育的特殊阶段，生长发育模式有其独特性。

绵羊妊娠期的胎儿一般存在三个生长发育的重要阶段：妊娠早期（45 d以前），主要是胎盘及其附属物的形成阶段；妊娠中期，是胎盘生长发育期，在妊娠的 45～80 d 存在最快生长，而在 90 d 胎儿基本发育完全；妊娠后期（90～150 d），是胎儿的快速生长期。绵羊胎儿生长曲线表明，胎儿生长可一直持续至母羊分娩，但不呈直线，而是呈 S 状曲线，表现为早期生长速度缓慢，随后快速生长。

阿勒泰羊胎儿期 46 d 体重 10 g，体长 90～95 mm；55 d 时外貌特征是颈部伸长，开始出现皮肤皱褶，四肢细长，已具有出生时的形状，外生殖器的阴囊已经形成，1 对乳头明显可见；胎儿发育到 70 d 时，体重猛增到 150 g，体长为 185～190 mm；100 d 的胎儿体重为 900 g，体长达 380～395 mm，此期皮肤生长速度相对加快，在全身许多部位可以清楚地看到绒毛，皮肤增长迅速；120 d 的胎儿，重量达到 2 000 g，长度在 500 mm 左右，胎儿全身被毛明显加长并开始卷曲，四肢生长粗壮，基本上具备了出生羊羔的外形；到 140～150 d，胎儿即将出生，体重达 5 000 g 左右，全身被毛更为卷曲，达到出生羊羔的外部形状。

对于胎儿内脏器官的生长而言，各组织器官重量发育并不平衡，生长模式因器官种类不同而表现出明显的异速生长。与生命关系特别重要的组织器官，如神经系统、心脏、肺脏、肝脏、肾脏等优先发育；其他器官，如皱胃、肠道等发育速度相对较慢。

然而，胎儿宫内生长是组织器官序贯的生长、发育和成熟。无论是整体生长还是器官生长都是以细胞生长作为基础的。依据胎儿细胞生长动力学，胎儿的生长经历了三个连续的细胞生长阶段：第一期为细胞增生期，主要是细胞数量增加，发生于妊娠早期；第二期为细胞增生增长期，这一时期细胞数量、体积同时增加，发生于妊娠中期；第三期为细胞增长期，主要是细胞体积增大，发生于妊娠后期，胎儿糖原、脂肪的积累也主要发生于这一时期。

阿勒泰羊胎儿生长发育的主要营养物质有氧、葡萄糖、乳酸和氨基酸。来自母体的葡萄糖是胚胎发育重要的能量物质，尤其是在妊娠后期，葡萄糖更是胎儿生长发育的主要能量物质。葡萄糖从母体到胎儿需要母体血浆和胎儿血浆的浓度梯度，它以浓度依赖性机制从母体血浆供应给胎儿和胎盘。当外源葡萄糖供应不足时，胎儿将启动内源葡萄糖生成系统，如利用乳酸、氨基酸或分解糖原来维持血糖浓度。另外，乳酸是胎儿糖代谢的又一重要物质。大多数胎儿血中乳酸含量较母体的高，这并不是胎儿相对缺氧导致的无氧酵解而产生。胎儿体内的蛋白质主要是胎儿利用氨基酸合成的，随着妊娠的进行，各组织器官都有高的蛋白质合成率。肝脏在妊娠早期的蛋白合成率较高，增量较快，而肠道的蛋白合成率增加则主要发生在妊娠后期。胎儿蛋白质的分解产物则主要以尿素和氨通过胎盘排至母体循环。

胎儿处在个体发育的特殊阶段，具有许多代谢特点，需靠母体经过胎盘供给营养，以满足其快速生长发育的营养需要。在此期间营养供应不足，将导致胎儿生长发育停滞和缺陷，或者即使以后加强营养也难以恢复，甚至出现严重的流产或死亡。妊娠期母体营养限制可导致胎儿发育过程中永久性的结构改变和生理改变，显著影响胎儿的生长发育及其出生后的健康，而且胎儿生长限制与出生后高的发病率与死亡率密切相关。

第四节　阿勒泰羊母羊接产及初生羔羊护理

一、接羔

做好接羔和保羔工作是提高羔羊存活率的有效措施，要事先制订计划。

（一）产羔前的准备

1. 羊舍和用具方面

（1）分娩羊舍　在产羔前，应将分娩羊舍打扫干净，墙壁和地面用5％的氢氧化钠溶液或2％～3％的来苏儿水消毒。无论是喷洒地面还是涂抹墙壁，均要仔细和彻底，在产羔期间还应消毒2～3次。分娩用羊舍要有足够的面积，产羔期间应尽量保持干燥和恒温。舍温一般以10℃左右为宜。

（2）饲养管理用具　料槽和草架等用具在产羔前都要进行检查和修理，并用氯氧化钠溶液或石灰水消毒。分娩栏是产羔时的必需用具。母羊产羔后被关在栏内，既可避免其他羊干扰，又便于母羊认羔。因而产羔前应制备或修理分娩栏，分娩栏数量可占产羔母羊数的5％～10％。

（3）其他方面　一切接羔用具和药品，如台秤、产羔登记簿、产科器械、来苏儿水、碘酒、酒精、高锰酸钾、药棉、纱布、工作服等，都应在产羔前准备好。

2. 人员方面　产羔和产羔后一段时间内工作比较繁重，需要的人力比平时多，宜事先规划安排，一般150只左右的羊群需3～4人。开始产羔时人可以少一些，产羔盛期增加，末期渐减。

3. 饲草饲料方面　在产羔期间，羊群放牧时间相对减少，产羔母羊又增加了哺乳的负担，因此需要补饲。每日每只可补饲青干草1.0～1.5 kg、混合料 0.5 kg。

牧区夏、秋季节，应在距羊圈不远的地方留出一些草场，并尽量将草场围起来不要放牧，专用作产羔母羊的放牧草地。其面积以够产羔母羊放牧一个半月为宜，应避风、向阳、靠近水源。由于母羊在产后的几天之内一般不出牧，因此要有足够数量的优质干草、青贮饲料、多汁饲料给其补饲。

(二) 接羔的组织

在产羔期间应注意防冻、饿、病、过饱和事故，而产羔期间的混乱是以上情况的根源。混乱的主要表现是：工作头绪不清，有的工作被忽视；羊群乱，母仔羊对不上号；羔羊不能及时转群，使母仔群或分娩栏中留羊过多，造成羊群的不平衡；不能及时发现病羔，羔羊死亡率增加。

产羔期间应随时注意气候变化，一般随着风雪天气的到来，羔羊发病率和死亡率激增，这时应加强看管。为了减少因消化不良引起的腹泻，勿让弱羔吃奶过饱，可把母羊过多的奶挤掉。另外，还要注意羊舍的温度和湿度，勿使温度过低和湿度过高。

(三) 接羔技术

产羔期间，应经常查看，发现临产母羊立即将其拉至分娩栏内，护理产羔。白天羊群出牧前应仔细观察，将有临产征兆的母羊留在圈内。归牧后，利用补饲时观察，估计当晚产羔母羊的数量，应做到心中有数。

母羊临产时，骨盆韧带松弛，腹部下垂，尾根两侧下陷；乳房胀大，乳头下垂；阴门肿胀、潮红，有时流出浓稠黏液，排尿次数增加；行动迟缓，食欲减退，起卧不安，不时回顾腹部或喜独卧墙角等处休息。当发现母羊卧地、四肢伸直、努责、肷窝下陷时，应立即将其送入分娩栏。

母羊产羔时，一般不需助产，最好让它自行产出。但接羔人员应观察母羊分娩过程是否正常，并对产道进行必要的保护。正常接产可按以下步骤进行。

首先剪净临产母羊乳房周围和后肢内侧的羊毛，以免产后污染乳房。假若母羊眼睛周围毛过长，也应剪短，以便认羔。然后用温水洗净乳房，先挤出几滴初乳，再将母羊的尾根、外阴部、肛门洗净，用 1% 的来苏儿水消毒。

正常情况下，经产母羊产羔速度较快，羊膜破裂后几分钟至 30 min，羔羊便能被顺利产出。一般先看到两前蹄露出阴门，接着是嘴和鼻，到头露出后即可顺利产出，可不予助产。

产双羔时，先后间隔5～30 min，但偶有长达10 h以上的。母羊娩出第一只羔后，如仍有努责或阵痛，应检查母羊是否怀有双羔。方法是用手掌在母羊腹部前方适当用力上推，如系双胎则可触到光滑的羔体。如发现双胎，则应准备助产。方法是：助产人员应先将指甲剪短磨光，手臂用肥皂水洗净、消毒，涂上润滑剂，然后进行助产。胎儿过大时应将母羊阴门扩大，把胎儿的两前肢拉出来送回去，反复三四次后，一手拉前肢一手扶头，随母羊努责用力将羔羊拉出。胎位不正时，应随母羊努责将胎儿推回腹腔，复位后再协助产出。

在分娩时，初产母羊因骨盆狭窄、阴道过小、胎儿个体较大，经产母羊因腹部过度下垂、身体衰弱、子宫收缩无力或因胎位不正时均会造成难产。

治疗难产时究竟应当采用什么方法，通过检查后应正确、及时而果断地作出决定，以免延误时机，给助产工作带来更大困难。例如，母羊全身状况良好，矫正胎儿和截胎有很大困难，可以采用剖宫产术取出胎儿，这时母羊也能存活；反之，母羊的全身状况不佳，而且矫正和截胎还比较容易时不要采用剖宫产，以免手术促使母羊状况恶化；又如，治疗胎头侧弯，是先选择矫正术把头矫直，还是立即施行截胎，把颈部截断，将头颈、躯干分别拉出，或者剖腹取出胎儿，均要通过检查。根据母羊的全身状态、胎儿的存活情况，并结合器械设备条件，决定采用哪一种方法。

二、新生羔羊的护理

羔羊出生后，体质较弱，适应能力低，抵抗力差，容易发病。因此，做好初生羔羊护理是保证其成活的关键。

1. 保证呼吸 为保证羔羊呼吸顺畅，羔羊产出后立即用干布将其口、鼻腔、耳内黏液擦净，如遇胎膜未破者应先撕破胎膜，以利羔羊呼吸。

2. 假死抢救 羔羊产出后，身体发育正常，心脏仍有跳动，但不呼吸，这种情况叫假死。其原因主要是羔羊过早地呼吸而吸入羊水，或母羊子宫内缺氧、母羊分娩时间过长，或羔羊受凉所致。如遇假死要及时抢救，方法是：先将羔羊两后腿提起，轻拍其胸部或背部挤出咽喉部羊水；再将羔羊放在前低后高的地方，立即进行人工呼吸，也可用棉球蘸些碘酒或酒精滴入鼻腔刺激其呼吸。

3. 快速干毛 保证产羔舍温度，让母羊舔干羔羊身上的黏液。如母羊不舔，可在羔羊身上撒些麸皮，引诱母羊舔干。其作用是：增进母仔感情，获取催产素，以利胎衣排出。

4. 及时断脐　多数羔羊产出后脐带可自行扯断，扯断后要用5‰的碘酒消毒脐带。未扯断的，可在距腹部5～10 cm处向腹部挤血后撕断，再用热烙铁烙结。

5. 早吃初乳　羔羊出生后，一般10多分钟即能起立，寻找母羊乳头。羔羊第一次哺乳应在接产人员的护理下进行，使其能尽快吃到初乳。初乳是指母羊分娩后第1周产的奶，含有丰富的营养物质和抗体，有抗病和轻泻作用，有利于羔羊排出胎粪。

6. 早排胎粪　羔羊胎粪呈黑褐色，黏稠，一般在出生后4～6 h即可排出。如初生羔羊鸣叫、努责，可能是出现胎粪停滞。如24 h后仍不见胎粪排出，应采取灌肠等措施。胎粪特别黏稠时，易堵塞肛门造成排粪困难，应注意将其擦拭干净。

7. 母仔编号　为了管理上的方便和避免哺乳上的混乱，可采用母仔编号的办法，即在羔羊体侧写上母羊的编号，以便识别。

8. 找保姆羊和人工哺乳　哺乳期羔羊发育速度很快，若奶不够吃，不但影响其发育，而且易于染病死亡。对缺奶羔，应找保姆羊。保姆羊一般是指死掉羔羊的或有余奶的母羊。否则，要进行人工哺乳。人工哺乳应首先选用羊奶、牛奶，也可用奶粉、代乳品等。对羔羊实行人工哺乳，是当今肥羔生产和奶羊生产上普遍采用的方法。实行人工哺乳，容易形成规模化、工厂化的生产方式。采用人工哺乳方法饲养羔羊，必须严格掌握配乳成分和浓度，特别是用奶粉和代乳品时，要注意卫生和消毒，一定要做到定时、定量、定温，达到规范化饲养管理的要求。

另外，对于母羊，在其妊娠后期要加强管理。对于放牧的母羊，应选择在距暖棚羊舍较近且平坦、牧草丰盛的草场放牧。暖棚舍内应设置产羔栏，并做好接羔的准备工作。产后要对母羊加强护理。母羊产羔后会因过度疲劳而口渴，此时应给其提供淡盐水或温米汤，水温12～15 ℃，第一次饮水量以1～1.5 L为宜。为防止母羊患乳房炎，在母羊产羔期应减少饲料喂量，只给母羊饲喂优质青干草或块根类饲料。待产后第3～4天起，再逐渐加喂精饲料、多汁料和青贮料。

三、初生羔羊的鉴定

初生羔羊鉴定是对羔羊的初步挑选，其意义有：①根据羔羊的等级组成鉴定种公羊的好坏，而种公羊的后裔测验结果知道得越早越好；②有一些性状（如羔羊身上的有色斑点和犬毛等）在羔羊身上能清楚地看到，长大后会逐渐消失或不易发现，而这些性状对后代品质的影响很大。

初生羔羊鉴定宜在其生后 24 h 内进行，鉴定项目包括类型、体质、体格、体重、毛质和毛色等。类型是指其产品方向的倾向性；体质是根据骨骼粗细、头的宽窄和皮肤皱褶情况定为结实或偏粗、偏细；体格是指其骨架大小，可结合体重评定；体重指其初生体重，以大、中、小表示，公羔初生重在 5 kg 以上者为大、4.0～4.9 kg 者为中、4 kg 以下者为小。按以上项目鉴定后，可把羔羊分为优、良、中、劣四级。凡体质结实、个体大、发育良好的属优级；体质结实或稍偏细、体格大或中等属良级；体质结实或偏粗、体格中等或略小属中级。经初步鉴定挑选出来的优秀个体，可用母仔群的饲养管理方式加强培育。

第五节　提高阿勒泰羊繁殖力的途径、技术及实施方案

繁殖力的高低，直接影响羊的数量发展和生产性能的提高。繁殖力一般受遗传、营养、年龄及其他外界环境条件（如光照、温度）所影响，因此提高阿勒泰羊的繁殖力不仅要通过选种选配、杂交改良和改变遗传特性来进行探索，而且还要对饲养管理、繁殖技术和改变外界环境条件给予应有的重视。通过不同途径直接或间接影响公羊的精液品质、受精能力，以及母羊的正常发情、排卵数、受精卵数和胎儿的发育，从而最终控制羊的繁殖力。

一、提高繁殖力的途径与方案

（一）改善饲养管理

营养条件对羊群繁殖力的影响很明显，改善公、母羊的营养状况是提高其繁殖力的有效途径。能量长期不足，不但影响羔羊的生长发育，而且会推迟性成熟，从而缩短一生的有效繁殖年限。成年母羊如果长期能量不足，会造成安静发情，延误配种时机。在配种前提高能量水平，能够增加母羊的排卵数及双羔率，对低水平饲养的母羊尤为明显。蛋白质缺乏，不但影响羊的发情、受胎或妊娠，也会使羊的体重下降，食欲减退，以至摄入能量不足，从而影响羊的

健康与繁殖。矿物质磷对母羊繁殖力的影响较大，缺磷能引起母羊卵巢机能不全，推迟初情期，可造成成年母羊发情症状不明显，发情间隔不规律，最后导致发情完全停止。维生素 A 与母羊繁殖关系密切，缺乏时可引起流产、弱胎、死胎及胎衣不下等。在配种前及配种期，应给予公、母羊足够的营养，保证蛋白质、维生素和微量元素等的供给。种公羊的营养水平对受胎率和产羔率、初生重和断奶重都有影响。种公羊应在配种前 1.5 个月开始加强营养，用全价的营养物质饲喂，这样母羊的受胎率、产羔率都很高，羔羊初生重也大。配种前 2～3 周加强营养，不仅能使母羊发情整齐，也能使其排卵数增加，提高受胎率。任何微量元素的严重缺乏都会影响羊的各种基本功能，包括繁殖性能等。母羊在妊娠期间，如果饲养管理不当，可能引起胎儿死亡。

（二）加强选种和选配

不同品种间及同一品种不同个体间的繁殖力不同。我国优质地方品种小尾寒羊、湖羊产羔率分别为 260%～270% 和 230%～250%，繁殖力很强，并且具有相对稳定的遗传性，杂交后代仍能保持多胎特性。阿勒泰羊的繁殖性能较差，其产羔率在 110% 左右。同一品种不同个体间繁殖力存在差别，高产品种中也存着繁殖力较差的个体，而单胎品种中也有产双羔的母羊。为此，应加强选择，使优秀个体的基因能保留下来，并遗传给后代。挑选种公羊，应从繁殖力高的母羊后裔中选择；加强母羊选择，选择繁殖力强的母羊。从遗传上形成高繁殖力群体，是提高绵羊产羔率的途径之一。研究证明，第一胎产双羔的母羊，其以后胎次产双羔的重复率也较高，这样的母羊所生后代产双羔率也较高。另外，引入多胎品种的公羊同阿勒泰母羊杂交，其杂种后代的产羔率也随之提高。例如，利用小尾寒羊等多胎品种作父本进行杂交，能明显增加产羔数。

（三）提高羊群中适龄繁殖母羊的比例，淘汰羊群中的不孕母羊及习惯性流产母羊

这也是提高羊群繁殖力的一项重要措施。羊群结构的合理与否，对羊的数量增长影响很大。一般来讲，羊群中适龄繁殖母羊的比例占到 70% 左右较为理想。在适龄母羊中，各个年龄段羊的结构也应有一个合适的比例。假如按繁殖利用年限 5 年计算，即 2～6 岁的 5 个年龄段的母羊，在保持羊群总数不增

加的情况下，应各占 20%；若要增加羊群总数量，则母羊的年龄结构应尽可能是一个金字塔形，即随年龄的增长，母羊所占比例应下降，这样的年龄结构比较理想。

（四）在气候条件和饲养管理条件比较好的地区实行密集产羔

阿勒泰羊是季节性发情的动物，光照时间的长短是影响母羊发情的主要环境因素。在卵巢的正常活动下，光照对母羊的排卵数有显著影响。已经证明随着季节的变换，绵羊的排卵率逐渐增加，在配种中期达到高峰，以后又逐渐降低。这是由于随着光照时间的缩短，松果腺分泌的褪黑激素的量逐渐增加。褪黑激素对母羊垂体分泌促性腺激素有促进作用，使促性腺激素分泌量逐渐增加，激发卵巢活动，从而达到多排卵的目的。随着光照时间的逐渐延长，母羊的卵巢活动机能逐渐减弱，直至进入乏情期。阿勒泰母羊可实施两年产三羔体系，实现集中产羔。实施密集产羔要注意：①要选择健康、乳房发育好、营养体况好的母羊，年龄以 2~5 岁为宜；②母羊在产前产后要有较好的补饲条件；③根据当地具体条件，从有利于母羊、羔羊的健康出发，恰当地安排好母羊的配种时间。

二、繁殖新技术

动物繁殖生物技术是在人们认识动物生殖规律的基础上，以动物生殖细胞和胚胎为主要研究对象，通过细胞生物学、分子生物学、发育生物学、生理学及生物技术在动物繁殖领域的渗透和深入，研究调控和提高动物繁殖力的一门新兴学科。动物繁殖生物技术不仅拓宽了动物繁殖学的领域，而且使动物繁殖学的研究由个体和细胞水平向分子和基因水平方向发展和深入，对人类社会发展产生了巨大的影响。动物胚胎移植首次试验成功距今已有 100 多年的历史，现已作为充分发挥优良母畜繁殖潜力和家畜育种及胚胎工程的手段而得到实际应用，羊胚胎移植技术在我国种羊扩群和育种中发挥了重要作用。

（一）人工授精技术

人工授精技术是以人工的方法采集雄性动物的精液，经检查与处理后，再输入到雌性动物生殖道内，以代替公母畜自然交配而繁殖后代的一种繁殖技术。它可以提高优良种公畜的利用年限；加速畜群的遗传改良；防止自然交配而引发的生殖器官疾病；克服公、母羊体重差异过大及母羊生殖道的某些异常而引发的繁殖障碍，减少母羊空怀率，提高繁殖率；提高养殖场经济效益；促进良种公畜的地区和国际交流。

掌握母羊发情排卵规律，适时配种，施行 2～3 次输精。由于母羊发情时间短（为 24～30 h），卵子在输卵管中持有受精能力的时间也短（为 12～16 h），而且即使经同期发情处理，不同母羊的发情排卵时间也会存在一定差异，试情观察到的发情时间往往滞后实际发情时间。因此，在种公羊试情基础上，要对发情母羊及时输精，同时要采用 2～3 次输精。在羊场实际生产中，一般采用的配种输精方法是：对上午确认的发情母羊，当日上午输精 1 次，傍晚及次日上午再分别输精 1 次；对下午确认的发情母羊，当日傍晚输精 1 次，次日上午及傍晚再分别输精 1 次。采用此方法，可使母羊整个发情期生殖道内经常保持具有受精能力的精子，增加受精机会，从而有效提高受胎率和产羔数。输精时，要严格遵守操作规程，找准子宫颈口，输精量要足够，输精后立刻轻拍母羊臀部，刺激子宫肌收缩，防止精液逆流。另外，首次输精后每间隔 14～21 d 要注意第 2、第 3 情期的适时试情补配。

人工授精技术具体操作内容在本章配种方法里面已有叙述，这里不再冗述。

（二）发情控制技术

1. 诱导发情　诱导发情即人工引起发情，诱导超数排卵和季节外繁殖。诱导发情的激素制剂主要有促卵泡素、促黄体素、马绒毛膜促性腺激素、人绒毛膜促性腺激素、促性腺激素释放激素、雌激素、孕激素、前列腺素等。在诱导发情中，促卵泡素、促黄体素、马绒毛膜促性腺激素、人绒毛膜促性腺激素对母羊的卵泡发育、成熟和排卵具有直接促进作用，其他激素制剂则在体内通过参与母羊发情的调控机制，经正向调节（促性腺激素释放激素）、反馈调节（雌激素、孕激素）或间接调节（前列腺素 $F_{2\alpha}$）过程等来调控母羊垂体分泌促卵泡素和促黄体素。

促性腺激素可以在母羊乏情期内引起发情排卵。如连续 12～16 d 给母羊注射孕酮，每次 10～12 mg，随后 1～2 d 内一次注射孕马血清促性腺激素 750～1 000 IU，即可引起母羊发情排卵。给母羊注射雌激素，亦可在乏情期内引起发情，但不排卵；与此相反，使用孕马血清促性腺激素和绒毛膜促性腺激素能引起排卵，但母羊不一定有发情症状。为了使母羊既有发情表现，又发生排卵，必须每隔 16～17 d 重复注射促性腺激素，或结合使用孕激素，这样能使母羊出现正常的发情周期。此外，使用氯地酚（每只 10～15 mg）亦具有促进母羊发情排卵的效果。

基于饲养管理措施诱导母羊发情是基于外部因素对生殖内分泌活动所产生的影响，方法有：①改变光照期法。羊在乏情季节，可人为缩短光照时间，一般每日光照 8 h，连续处理 7～10 周，母羊即可发情。若为舍饲羊，每天提供 12～14 h 的人工光照，持续 60 d，然后将光照时间突然减少，50～70 d 后就有大量的母羊开始发情。②公羊刺激法。在公、母羊分群饲养的母羊群中引入公羊，能刺激母羊并诱导其发情提前，此种效应为"公羊效应"，这种方法可缩短绵羊的产羔间隔期，使母羊两年产三胎。

2. 同期发情　在自然条件下，单个母羊的发情是随机的，而对于具有一定数量、生殖机能正常且未妊娠和正处于繁殖季节的群体来说，每日会有一定数量的母羊出现发情。然而，大多数母羊则处于黄体期或非发情期。同期发情就是利用激素或药物处理母羊，人为控制使许多母羊在预定的时期集中发情，便于组织配种。同期发情配种时间集中，节省劳力、物力，有利羊群抓膘，扩大优秀种羊利用率，使羔羊年龄整齐，便于管理及断奶育肥。为了达到让母羊同期发情的目的，通常会采取延长黄体期或缩短黄体期两种方式。其中，延长黄体期是同期发情最常用的方式之一，其基本原理是应用外源孕激素处理母羊，以实现人为干预延长黄体期并抑制卵泡发育，当处理一定时期后同时撤除孕激素释放装置，从而达到整群母羊同期发情的目的。常用的孕激素制剂包括孕酮、假孕酮、甲地孕酮、炔诺酮、氯地孕酮、18 - 甲基炔诺酮、16 - 次甲基甲地孕酮等。而缩短黄体期的方法包括注射外源前列腺素、孕马血清促性腺激素、促性腺激素释放激素等，以抑制或溶解卵巢黄体，达到整群母羊同期发情的目的。

阿勒泰羊在进行同期发情调控时主要采用的方法是：

（1）阴道海绵栓法和 CIDR 法　其原理就是将孕激素制剂溶解后浸入到阴道栓中，以达到缓慢释放的目的，在作用一段时间后撤除阴道栓装置，并辅以外源促性腺激素处理，以使一群绵羊同时发情，利于配种或胚胎移植。阴道海绵栓法将孕激素类药物用色拉油溶解，浸入圆柱形海绵中，并在海绵栓一端系一细绳。浸有孕激素的海绵塞入子宫颈外口处，14～16 d 后取出，当天给母羊注射孕马血清 400～750 IU，2～3 d 后其即开始发情，发情当天和次日各输精 1 次。常用孕激素的种类及剂量为：孕酮 150～300 mg，甲孕酮 50～70 mg，甲地孕酮 80～150 mg，18-甲基炔诺酮 30～40 mg，氟孕酮 20～40 mg。另一种孕激素装置为 CIDR（原产于新西兰），形状呈 Y 形，内有塑料弹性架，外附硅橡胶，两侧有可溶性装药小孔，尾端有尼龙绳。首先将阴道栓收小，装入特制的放置器内，将放置器推入子宫颈周围后拉出阴道栓即可。CIDR 孕酮含量 300 mg/支（新西兰产）。另外，用 CIDR 阴道放置和注射 Folligon（澳大利亚产孕马血清促性腺激素）100～200 IU/只，同期发情效果可达 95% 以上。

（2）口服法　每天将一定数量（为海绵法的 1/10～1/5）的孕激素均匀地拌在饲料中，连续 12～14 d，最后 1 次口服的当天，肌内注射孕马血清促性腺激素 400～750 IU。

（3）注入法　此法在母羊繁殖季节，母羊开始有发情周期时进行，母羊在发情第 4 天后肌内注射前列腺素 $F_{2\alpha}$ 4～6 mg，一次用药后的发情率约为 70%。由于整群母羊可能处于不同的发情周期过程中，因此应用前列腺素处理后母羊第一情期的发情率和受胎率会较低，但到第 2 情期则相对集中且受胎率正常。将前列腺素 $F_{2\alpha}$ 或其类似物，在母羊发情结束数日后向子宫内灌注或肌内注射，能在 2～3 d 内再次引起母羊发情。

同期发情即利用激素或类激素药物控制和调节多个母羊的发情周期，使母羊在同一时间内发情，以便母羊群体集中配种、集中产羔。其主要优点是有利于推广人工授精技术，促进阿勒泰羊的品种改良；便于组织管理，节约配种经费；提高低繁殖率羊群的繁殖率；作为其他繁殖技术和科学研究的辅助手段。我国在同期发情方面的研究始于 1976 年，当时北京农业大学畜牧系董伟教授等，开始研究进口和国产激素控制母牛同期发情技术，此后各地的畜牧科学工作者对同期发情的方法和效果进行了大量的试验研究。目前采取的就是缩短黄体期的前列腺素法、延长黄体期的孕激素法及孕激素+GP 法。

（三）排卵控制技术

自然状态下，绵羊卵泡的发育是一个多种机制控制的复杂过程，从而保证了自然排卵数的稳定。在生产中，为了获得更大的经济效益，人们不断干预绵羊的繁殖过程，以期获得更多的成熟卵及其后代。有关阿勒泰羊诱发多排卵、多产羔问题已有一些研究。

排卵控制包括控制排卵时间和控制排卵数。虽然控制发情中提到的方法也达到了控制排卵的目的，但这里所说的控制排卵时间，是指利用外源促排卵激素进行诱发排卵，以代替在体内促性腺激素的影响下发生的自然排卵，也可以说是激发成熟的卵泡提前破裂排出卵子。有两种情况，一是进行胚胎移植时，供体进行超数排卵处理；二是限制性地增加适当的排卵数，以达到产多胎的目的。

1. 超数排卵　在母羊发情周期的适当时间，注射促性腺激素，使卵巢比一般情况下有较多的卵泡发育并排卵，这种方法即为超数排卵，主要用于单胎的阿勒泰绵羊。经过超数排卵处理后，母羊一次可排出几个甚至十几个卵子，使母羊的繁殖率大大提高。超数排卵处理有两种情况：一种是为提高产羔数。处理后经配种，使母羊正常妊娠，一般要求是产双胎或三胎。另一种是结合胚胎移植时进行，要求排卵数以 10～20 个为宜。

（1）促卵泡素＋前列腺素法　在阿勒泰羊发情周期第 12 或 13 天开始肌内或皮下注射促卵泡素，以日递减剂量，连续注射 3 d 共 6 次，每次间隔 12 h（国产促卵泡素总剂量为 150～300 IU，澳大利亚产促卵泡素为 13～15 mL），在第 5 次注射促卵泡素的同时肌内注射氯前列烯醇 0.2 mg。

（2）CIDR＋促卵泡素＋前列腺素法　在发情周期的任意一天给阿勒泰羊阴道放置 CIDR，记为 0，然后注射促卵泡素和前列腺素。

（3）孕马血清促性腺素法　在成年母羊预定发情到来前 4 d，即发情周期的第 12 或 13 天，肌内或皮下注射孕马血清促性腺激素 750～1 000 IU，母羊出现发情后或配种当日肌内或静脉注射绒毛膜促性腺激素 500～700 IU，即可达到超数排卵的目的。

用于超数排卵的激素主要有促卵泡素、孕马血清促性腺激素、促黄体素，人绒毛膜促性腺激素等，激素的种类、剂量、生产厂家、促卵泡素/促黄体素比率，注射途径等均会影响超数排卵的效果。促卵泡素和孕马血清促性腺激素是羊超数排卵应用得最多的激素。孕马血清促性腺激素的效果比较平缓，注射后母羊卵巢体积不会剧烈增大，卵巢容易恢复正常，排卵效率高，排卵比较整齐。但其半衰期较长，容易引发卵巢囊肿。目前常采用促卵泡素对阿勒泰羊进行超数排卵处理，但需多次注射。

阿勒泰羊在繁殖季节卵巢活动活跃，卵巢发育好，对促卵泡素比较敏感，进行超数排卵处理后可用胚比率高。而在非繁殖季节，卵巢发育一般或较差，排卵点较少，排卵数不到繁殖季节的一半，影响超数排卵的效果。

2. 诱发排卵 控制排卵一般是在母羊有成熟卵泡时，并在其有发情表现行为之前进行，利用外源促排卵激素诱导激发成熟卵泡提前破裂并排出卵子。故诱发排卵必须掌握两条：一是有成熟卵泡；二是激素处理时间一定要早于内源促黄体素峰出现的时间。诱发排卵的激素主要有人绒毛膜促性腺激素、促黄体素、促性腺激素释放激素及其类似物。阿勒泰绵羊人绒毛膜促性腺激素的用量为 250～500 IU。注射人绒毛膜促性腺激素之后至发生排卵的时间，与自然发情开始（接受交配）至排卵时间相近似。

诱发产双胎是利用促性腺激素处理母羊引起多个卵泡成熟并排卵，以生产双胎或多胎。一般在预计母羊发情到来之前 4 d（发情周期的第 12～13 天）注射孕马血清促性腺激素（或促卵泡素），或先用孕激素处理 14 d，再注射孕马血清促性腺激素（300～700 IU）和人绒毛膜促性腺激素（200 IU）。母羊乏情状态下也可照此进行，但需适当增加激素用量。

排卵多少不但与促性腺激素的用量大小有直接的关系，而且还受多重因素影响。要想达到使母羊只排 2～3 枚卵是一项难以掌握的技术。在实践中，如果能做到使 50% 以上的处理母羊产羔数有所增加，即可认为取得成功。

(四) 胚胎移植技术

羊胚胎移植技术，是从一只母羊的输卵管或子宫内取出早期胚胎移植到另一只母羊的相应部位的技术，即"借腹怀胎"。其中，提供胚胎的个体为"供体"，接受胚胎的个体为"受体"。胚胎移植实际上是产生胚胎的供体和孕育胚胎的受体分工合作共同繁育后代的过程。胚胎移植结合超数排卵，能使优秀种羊的遗传品质由更多的个体保存下来。这项技术主要用于纯种繁育。利用胚胎移植可加速良种阿勒泰羊的扩群，提高母羊的繁殖力。该技术已被很多国内外养羊企业采用，并收到了很好效果。

1. 供体羊的选择 供体羊必须具备本品种的典型体征，其祖先、同胞或后代生产性能优秀。供体羊的遗传性能必须稳定、系谱清楚，体格健壮，繁殖机能正常，无遗传疾病和传染性疾病，一般应有 2 个或 2 个以上正常的发情周期。经产羊作供体时，超数排卵处理要在其产后生殖功能恢复正常后进行（3个月以上）。选择配种的公羊必须是经过后裔测定的优秀个体。总之，供体羊应符合品种标准，具有较高生产性能和遗传育种价值。

供体羊应饲喂优质饲草和饲料，给其补充高蛋白质饲料、维生素和矿物质，并供给盐和清洁的饮水，做到合理饲养，科学管理。供体羊在采胚前后应保证良好的饲养条件，不得任意变换草料和管理程序，在配种季节前开始补饲，保持中等以上体膘。

2. 受体母羊的选择　受体母羊应有良好的繁殖性能和健康状况，体况中上等，一般应有2个或2个以上正常的发情周期，无繁殖功能疾病和传染病。

3. 受体的同期发情与供体的超数排卵　在阿勒泰羊母羊每年的最佳繁殖季节进行，具体操作见上文同期发情和超数排卵章节，已有详述。

4. 发情鉴定和人工授精　母羊经超数排卵处理后随即于每天早晚用试情公羊进行试情，准确记录母羊的发情状态。发情供体羊每日上、下午各配种一次，直至发情结束，不少于3次。

5. 冲胚　冲胚时间以发情日为第0天，在第2～3天或第6～7天用手术法分别从输卵管或子宫回收胚胎。

采胚及胚胎移植要在专门的手术室内进行。手术室要求干净、明亮，光线充足、无尘，地面用水泥或砖铺成，配备照明用电，室内温度保持在20～25℃。手术室定期用来苏儿或百毒杀溶液喷雾消毒，手术前用紫外灯照射1～2 h，在手术过程中不应随意开启门、窗。手术用的金属器械放在含0.5%亚硫酸钠（作为防诱剂）的新洁尔灭液中浸泡30 min或在来苏儿液中浸泡1 h，使用前用灭菌生理盐水冲洗，以除去化学试剂的毒性、腐蚀性和气味。玻璃器皿、敷料和创巾等物品按规程要求进行消毒。经灭菌的冲卵液置于37℃水浴中加温，玻璃器皿置于培养箱内待用。麻醉药、消毒药、抗生素等药物，酒精棉、碘酒棉等物品备齐。

6. 采胚方法　供体羊输精后2～3 d时用输卵管法采集2～8细胞期的胚胎。将冲卵管一端由输卵管伞部的喇叭口插入2～3 cm深（用钝圆的夹子固定），另一端接集卵皿。用注射器吸取冲卵液5～10 mL，在子宫角靠近输卵管的部位，将针头朝输卵管方向扎入，一人操作，一只手的手指在针头后方捏紧子宫角，另一只手推注射器。冲卵液由宫管结合部流入输卵管，经输卵管流至集卵皿。输卵管法的优点是胚胎的回收率高，冲卵液用量少，检胚省时间。缺点是容易造成输卵管粘连，特别是伞部的粘连。

采胚完毕后，用37℃灭菌生理盐水湿润母羊子宫，冲去凝血块，再涂少许灭菌液体石蜡，将器官复位。肌肉缝合后，在伤口周围涂抹碘酒，撒消炎药。供体羊肌内注射抗生素 1～3 d。

7. 检胚　将 10%羊血清的 PBS 保存液用 0.22 μm 滤器过滤到培养皿内备用。检胚操作室温度应为 20～30 ℃，待检的胚胎应保存在 37 ℃条件下。检胚时将检胚杯倾斜，轻轻倒掉上层液，留杯底约 10 mL 冲卵液，倒入表面皿镜检。

用玻璃棒清除胚胎外围的黏液、杂质。将胚胎吸至第一个培养皿内，吸管先吸入少许 PBS 再吸入胚胎，在培养皿的不同部位冲洗胚胎 3～5 次。依次在第二个培养皿内重复冲洗，然后把全部胚胎移至另一个培养皿。每换一个培养皿时应换新的玻璃吸管，同一只供体羊的胚胎放在一个培养皿内。

8. 胚胎的鉴定和分级

（1）胚胎鉴定　凡胚胎的卵黄未形成分裂球及细胞团的，均被列为未受精卵。受精后 2～3 d 用输卵管法回收的胚胎，发育阶段为 2～8 细胞期，可清楚地观察到卵裂球，卵黄腔间空隙较大。6～7 d 回收的正常受精卵发育情况如下：

① 桑葚胚　发情后第 5～6 天回收的胚胎，只能观察到球状的细胞团，分不清分裂球，细胞团占据卵黄腔的大部分。

② 致密桑葚胚　发情后第 6～7 天回收的胚胎，细胞团变小，占卵黄腔的60%～70%。

③ 早期囊胚　发情后第 7～8 天回收的胚胎，细胞团的一部分出现发亮的胚胞腔。细胞团占卵黄腔的 70%～80%，难以分清内细胞团和滋养层。

④ 囊胚　发情后第 7～8 天回收的胚胎，内细胞团和滋养层界线清晰，胚胞腔明显，细胞充满卵黄腔。

⑤ 扩张囊胚　发情后第 8～9 天回收的胚胎，囊腔明显扩大，体积增大到原来的 1.2～1.5 倍，与透明带之间无空隙，透明带变薄，相当于正常厚度的 1/3。

⑥ 孵育胚　透明带破裂，细胞团孵出透明带。非正常发育胚胎，不能用于移植或冷冻保存。

（2）胚胎的分级　分为 A、B、C、D 四个等级。

A 级：胚胎形态完整，轮廓清晰，呈球形，分裂球大小均匀，结构紧凑，色调和透明度适中，无附着的细胞和液泡。

B 级：轮廓清晰，色调及细胞密度良好，可见到少量附着的细胞和液泡，变性细胞占 10%～30%。

C 级：轮廓不清晰，色调发暗，结构较松散，游离的细胞或液泡较多，变性细胞达 30%～50%。

D 级：16 细胞以下，轮廓不清晰，结构松散，变性细胞达 50% 以上。

另外，胚胎的等级划分还应考虑到受精卵的发育程度。A 级和 B 级胚胎可用于鲜胚移植或冷冻保存；C 级胚胎只能用于鲜胚移植，不能进行冷冻保存；D 级胚胎为不可用胚胎。

9. 胚胎移植

(1) 受体母羊的准备　受体母羊术前需空腹 12～24 h，仰卧或侧卧于手术保定架上，肌内注射 2% 静松灵 0.5 mL。手术部位及手术要求与供体羊相同。

(2) 手术法移植　术部消毒后，拉紧皮肤，在后肢内侧鼠蹊部作 2 cm 切口，用 1 个手指伸进腹腔，摸到子宫角后将其引导至切口外，确认排卵侧黄体发育状况并记录，同时准备好胚胎（鲜胚或解冻胚），用钝形针头在黄体侧子宫角扎孔，将移植管顺子宫角方向插入宫腔，推出胚胎，随即子宫复位。皮肤复位后，切口用碘酒消毒和缝合。受体母羊术后在小圈内观察 1～2 d。要求圈舍干燥、清洁，防止母羊术后感染。

(3) 腹腔内窥镜法　在乳房前方腹中线两侧各切开一个 1 cm 长的小口，一侧插入打孔器和腹腔镜，另一侧插入宫颈钳，选择黄体发育良好侧的输卵管或子宫角进行移植。

10. 供体和受体术后的处理和观察　供体回收胚胎以后，要在发情周期第 9 天左右肌内注射氯前列烯醇以溶解黄体，促进供体生殖器官的恢复。为了防止手术引起的继发感染，一般要连续注射抗生素 3 d。术后受体要加强饲养管理，同时要仔细观察它们在预定的时间是否返情。返情说明受体母羊未受胎，移植失败。阿勒泰羊若 3 个情期不返情则为妊娠，最好 30 d 后做妊娠检查。

胚胎移植在生产上，重点解决了采卵、移植的粘连问题，提高并完善了母羊的超数排卵及体外受精技术，扩大了胚胎来源，降低了胚胎移植成本，提高了胚胎移植的经济效益。在胚胎工程研究上，应继续深入开展克隆、胚胎干细胞、转基因结合生物反应器等研究，提高整体效率及胚胎的利用价值。

（五）性别控制技术

性别决定与控制是生殖生物学研究的一个重要方面。人为干预或操作，能使母羊按照人们的愿望繁殖所需性别的后代，具有重大的经济价值和育种价值。主要采用两条途径，一是 X 精子和 Y 精子的分离（受精前的控制），二是胚胎性别的鉴定（受精后的控制）。受精前的控制是指通过在体外对精子进行干预，使其在受精之前便决定后代的性别；受精后的控制指通过对胚胎进行性别鉴定，从而获得所需性别的后代。在生产实践中，较为理想的方法是先分离 X 精子和 Y 精子，然后再根据需求进行人工授精，从而得到所需性别的后代。另外，还经常采用其他性别控制的方法，如受精时间控制法、阴道 pH 调节法和营养调节法等。

1. 精子的性别分离　绵羊精子可分类两类，一类携带 X 染色体（X 精子），另一类携带 Y 染色体（Y 精子）。由于这两类精子的比重、体积、表面电荷、表面抗原等方面存在差异，因此人们设计了如物理分离法、沉积分离法、梯度离心法、电泳法、白蛋白沉淀法、H－Y 抗原法等方法分离这两类精子，以期达到控制后代性别的目的。然而迄今为止，应用这些方法在一些试验中虽得到了一些满意的结果，但这只是在一定程度上改变了后代出生的性别比例，并没有超出自然出现的性别比例范围，因此不是完全控制性别。

（1）流式细胞法　近年来发展起来的流式细胞仪用来进行 X 精子和 Y 精子的分离，其原理是绵羊 X 精子 DNA 含量较 Y 精子高 3％～4.5％，根据这一差异，用 DNA 特异性染料（常用 Hochest33342）对精子进行染色，染料着色量与 DNA 含量成正比。经过染色的精子会连同少量的稀释液逐个通过激光束，然后精子上的荧光染料就会被激发形成光学信号，探测器根据发光强度的强弱将信息传递给计算机，计算机的信息处理系统会使发光强度高的带正电，弱的带负电，然后带电液滴通过高压电场被分开，进入 2 个不同的收集管，正电荷收集管里为 X 精子，负电荷收集管里为 Y 精子。

（2）H－Y 抗原法　哺乳动物只有 Y 精子上才能表达 H－Y 抗原，因而利用 H－Y 抗体检测精子质膜上存在的 H－Y 抗原，再通过一定的分离程序，就能将 H－Y 抗原阳性（Y 精子）和阴性（X 精子）精子分离。这种分离精子的方法依赖于 H－Y 抗血清的制备，尤其是抗血清的质量。

2. 早期胚胎性别鉴定方法

（1）细胞遗传学法　胚胎的核型为 XX 或 XY，但由于早期胚胎中一条 X 染色体处于暂时失活状态，因此从胚胎取出部分细胞进行染色体分析或阻断培养在细胞分裂中期进行染色体分析，即可鉴定性别。该法的优点是准确率可达

100%，但缺点是采集细胞时对胚胎有伤害，操作过程比较烦琐，且获得高质量的中期染色体分裂相也较困难，不适用于实际生产，目前主要用以验证其他性别鉴定方法的准确率。通过核型分析来鉴定胚胎性别的方法是：先取少量的胚胎细胞，在含有秋水仙素的培养液中培养，使细胞的有丝分裂停留在中期，用低渗溶液使细胞膨胀，细胞膜破裂释放染色体，然后固定，用姬姆萨染色后在显微镜下观察。由于有丝分裂被阻滞在中期，故染色体缩短，并有特异的带型。

（2）H-Y 抗原测定法　这是利用 H-Y 抗血清或 H-Y 单克隆抗体检测胚胎上是否存在雄性特异性 H-Y 抗原，从而鉴定胚胎性别的一种方法。常用的检测胚胎 H-Y 抗原的方法有细胞毒性法、间接免疫荧光法、囊胚形成抑制法等。

① 细胞毒性法　胚胎细胞毒性分析的原理是在补体（豚鼠血清）存在的情况下，H-Y 抗体可以与 H-Y 阳性雄性胚胎结合并使其中一个或更多的卵裂球溶解，或使卵裂球呈现畸形，阻滞胚胎的发育。这类受影响的胚胎即为雄性胚胎，而仍能正常发育者为雌性胚胎。由于该法易导致雄性胚胎死亡，因而近年来很少被使用。

② 间接免疫荧光法　先将胚胎在 H-Y 抗血清或单克隆抗体中培养，再用异硫氰酸盐荧光素标记的第二抗体处理，在荧光显微镜下观察有无特殊荧光。有荧光者为雄性胚胎，无荧光者为雌性胚胎。国内外的大量研究结果表明，利用此法对不同动物的胚胎进行鉴定，其准确率绵羊雌性胚胎为 85%，雄性胚胎为 84%。这种方法的优点是不损害胚胎，鉴别的准确率也较高，但对荧光强度的估测则有高度的主观性。此外，胚胎质量似乎也与荧光强度和类型有关，第二抗体有时发生非特异结合，如与同卵周隙的细胞碎片结合等。

③ 囊胚形成抑制法　该法是根据 H-Y 抗体对雄性桑葚胚向囊胚发育具有可逆性抑制的原理发展起来的一种胚胎性别鉴定方法。将 H-Y 抗血清与桑葚胚共同培养一段时间后，具有 H-Y 抗原的雄性胚胎则被 H-Y 抗体所抑制，不能形成囊胚腔；而无 H-Y 抗原的雌性胚胎则不被 H-Y 抗体所抑制，可在培养过程中继续发育成囊胚，以此可将雄性胚胎与雌性胚胎分开。但其不足之处是，容易将一部分发育迟缓的雄性胚胎误判为雌性胚胎。此外，在实际工作中，如不是通过体外受精，采用自然交配的方法很难准确把握形成桑葚胚的时期，从而造成大量因误判而浪费的胚胎。

（3）*SRY* 基因探针法　哺乳动物性别决定依赖于 Y 染色体上的 *SRY* 基因，它使原始性腺发育为睾丸。荧光原位杂交技术根据 *SRY* 基因序列合成特异性的探针，用荧光标记，与制备的早期胚胎细胞杂交。如果具有 SRY 序列则可以检测到荧光，判断为雄性，反之为雌性。

（4）PCR 性别鉴定法　利用现代分子生物学技术，依据 *SRY/Sry* 基因的核心序列设计特异性引物，对从胚胎提取的 *SRY/Sry* 基因进行扩增，如果出现特异性条带则为雄性，否则为雌性。

（六）其他多羔生产技术

产羔数是种羊繁殖力的重要指标，是直接影响养羊业经济效益的重要因素，但产羔数属于低遗传力的数量性状，遗传力只有 0.1 左右，用常规的育种技术改良难度较大。随着分子生物学技术的迅速发展和应用，各种分子标记技术日趋成熟，从分子水平上寻找控制绵羊多胎的主效基因已成为可能。生长分化因子- 9，属于转化生长因子- β 超家族成员，是由卵母细胞分泌的，它通过旁分泌方式对卵泡的生长和分化起作用，因此对动物的繁殖起着重要的作用。对 *BMP4* 与 *BMP5* 等高繁基因的研究将在羊的实际生产中产生巨大的效益。

生殖免疫就是指应用免疫学的原理与方法或技术调节动物繁殖活动。目前应用激素免疫来提高动物繁殖力，主要有两条途径：一是主动或被动中和体内性腺类固醇，降低类固醇激素对下丘脑 GnRH 的负反馈作用，从而促进 GnRH 的分泌；二是主动或被动免疫垂体 Ibn，促进促卵泡素的分泌。研究表明，这两种免疫途径都能增加动物的排卵率或产仔数。

注射双羔素的母羊产生对抗类固醇激素的抗体，发生主动免疫反应，从而改变激素的反馈控制系统，产生调节卵巢功能、提高排卵率的作用。给母羊臀部肌内注射双羔素 20 d 后进行第二次注射，再过 20 d 后绵羊即可发情配种。研究证明，绵羊双羔素可提高羊的排卵率 50%，提高产羔率 16.67%。因此，采用双羔素主动免疫法为提高羊的繁殖力开创了一条新的希望之路。

（新疆农垦科学院张云峰　甘肃农业大学袁玖　编写）

第六章
舍饲阿勒泰羊的营养需求与饲料

阿勒泰羊主要产于新疆北部的福海、富蕴、青河等县，是哈萨克羊的一个分支，以体格大、肉脂生产性能高而著称，是新疆优秀的地方品种绵羊之一，具有耐粗饲、抗严寒、善跋涉、体质结实、早熟、抗逆性强、适于放牧等特性。阿勒泰羊适合终年放牧，在四季转移牧场的条件下仍具有较强的抓膘能力，是不可多得的优良地方绵羊品种。

随着牧民定居工程的不断推进，以及人工牧草技术的推广与应用，阿勒泰羊舍饲饲养技术已成为今后新疆地区畜牧业发展的趋势。集约化舍饲羊具有以下优点：①提高肉羊平衡摄入营养物质的程度；②充分挖掘饲料资源的营养潜力，合理、高效地利用各种饲料资源；③保护肉羊健康；④能最大限度地发挥肉羊生产潜力，增加经济效益；⑤最大限度地降低肉羊生产对环境生态的影响；⑥减少养殖过程中的劳动支出，实现机械化养殖，促进现代肉羊养殖业的发展。

此外，改变传统的放牧习惯及饲养模式，利用现代化的高效舍饲育肥肉羊技术已成为提高养殖效益的重要抓手。当前正值阿勒泰地区脱贫攻坚决战决胜的关键时刻，养羊业是当前本地区农牧民增收、脱贫致富的重要产业。

第一节 舍饲阿勒泰羊的营养需要

羊所需要的营养物质，包括能量、蛋白质、矿物质、维生素和水等，都需从饲料中提供。供给羊合理的营养物质，是科学利用饲草饲料资源，生产出量多质优的畜产品的条件。羊的营养需要包括维持需要和生产需要。其中，维持需要是指为维持羊正常生命活动，即在体重不增减又不生产的情况下，其基本生理活动所需要的营养物质；生产需要包括生长、繁殖、泌乳、育肥和产毛等生产条件下的营养需要。

一、能量需要

饲粮的能量水平是影响生产力的重要因素之一。能量不足，会导致幼龄羊生长速度缓慢、母羊繁殖率下降、泌乳期缩短、羊毛生长速度缓慢、毛纤维直径变细等；但能量过高会造成体况过肥，影响系列机能，对生产和健康同样不利。因此，合理的能量水平，对保证羊体健康、提高生产力、降低饲料消耗具有重要作用。

1. 维持需要 NRC（1985）确定的绵羊每日维持净能（net energy，NE）需要为 $[56 W^{0.75}] \times 4.186\, 8\, kJ$（W 为体重，kg）。

2. 生长需要 NRC（1985）认为，不同绵羊品种，空腹重 20～50 kg 的生长发育期绵羊，每千克空腹增重需要的热量：轻型体重羔羊为 12.56～16.75 MJ/kg，重型体重羔羊为 23.03～31.40 MJ/kg。在生产上，计算增重所需要的热量，需要将空腹重换算为活重，即空腹重乘以 1.196；同品种活重相同时，公羊每千克增重需要的热量是母羊的 0.82 倍。

3. 妊娠需要 青年妊娠母羊能量需要量包括用于维持净能（net energy for maintainance，NE_m）、本身生长增重、胎儿增重及妊娠产物的能量需要；成年妊娠母羊不生长，能量需要量仅包括 NE_m 和胎儿增重及妊娠产物的能量需要。在妊娠期的后 6 周，胎儿增重速度快，对能量的需要量大。怀单羔的妊娠母羊其能量总需要量为维持需要量的 1.5 倍，怀双羔的母羊为维持需要量的 2.0 倍。

4. 泌乳需要 包括维持需要和产乳需要。羔羊在哺乳期增重与母乳的需要量之比为 1∶5。绵羊在产后 12 周泌乳期内，有 65%～83% 的代谢能（metabolizable energy，ME）转化为奶能，带双羔母羊比带单羔母羊的转化率高。

二、蛋白质需要

蛋白质具有重要的营养作用，是动物建造组织和体细胞的基本原料，是修补体组织的必需物质，代替碳水化合物和脂肪的产热作用，以供给机体热能的需要。羊日粮中蛋白质不足，会影响瘤胃中的微生物发酵，使羊只生长发育速度缓慢，繁殖率、产毛量、产乳量下降；严重缺乏时，会导致羊只消化系统紊乱、体重下降、贫血、水肿、抗病力减弱。但饲喂蛋白质过量，过剩的蛋白质会变成低效的能量、过量的非蛋白氮和碳水化合物，很不经济，还可能造成氨中毒。

在绵羊瘤胃消化功能正常情况下，NRC（1985）采用析因法求出了蛋白质需要量，其计算公式如下：

粗蛋白质需要量（g/d）＝（PD＋MFP＋EUP＋DL＋Wool）/NPV

式中，PD 指蛋白质贮留量；MFP 指粪中代谢蛋白质；EUP 指尿中内源蛋白质；DL 指皮肤脱落蛋白质；Wool 指羊毛内的粗蛋白质；NPV 指蛋白质净效率。

PD（g/d）：怀单羔母羊妊娠初期为 2.95 g/d，妊娠最后 4 周为 16.75 g/d，多胎母羊按比例增加；泌乳母羊的泌乳量，成年母羊哺乳单羔按 1.74 kg/d、双羔按 2.60 kg/d 计算，青年母羊按成年母羊的 75% 计算，而乳中粗蛋白质按 47.875 g/d 计算。

MFP（g/d）：假定每千克干物质的采食量为 33.44 g（NRC，1984）。

EUP（g/d）：$0.14675 \times W$（kg）$+3.375$（ARC，1980）

DL（g/d）：$0.1125 W^{0.75}$（W 为体重）

Wool（g/d）：成年母羊和公羊假定为 6.8 g（每年污毛产量以 4.0 kg 计），羔羊毛中粗蛋白质含量（g/d）可以用 [3＋（0.1×无毛被羊体内蛋白质）] 计算。

NPV：0.561，是由 0.85（真消化率）×0.66（生物学价值）而来。

三、矿物质需要

矿物质是羊体组织、细胞、骨骼和体液的重要成分。羊的生长营养需要多种矿物质。体内缺乏矿物质，会引起神经系统、肌肉运动、食物消化、营养输送、血液凝固和体内酸碱平衡等多方面功能的紊乱，影响羊只健康、生长、繁殖和畜产品产量，甚至导致羊最后死亡。现已证明，羊体内有 15 种必需矿物质元素，其中常量元素有钠、氯、钙、磷、镁、钾和硫 7 种，微量元素有碘、铁、钼、铜、钴、锰、锌和硒 8 种。由于羊体内存在矿物质间的互作，因此很难确定其对每种矿物质的需要量，一种矿物质缺乏或过量会引起其他矿物质缺乏或过量（表 6-1）。

表 6-1 羊对矿物质元素的需要

矿物质元素	羊（每日每只）				最大耐受量
	幼龄羊	成年育肥羊	种公羊	种母羊	
食盐（g）	9～16	15～20	10～20	9～16	—
钙（g）	4.5～9.6	7.8～10.5	9.5～15.6	6～13.5	2%
磷（g）	3～7.2	4.6～6.8	6～11.7	4～8.6	0.6%
镁（g）	0.6～1.1	0.6～1	0.85～11.4	0.5～1.8	0.5%
硫（g）	2.8～5.7	3～6	5.25～9.05	3.5～7.5	0.4%
铁（mg）	36～75		65～108	48～130	500
铜（mg）	7.3～13.4		12～21	10～22	25
锌（mg）	30～58		49～83	34～142	300
钴（mg）	0.36～0.58		0.6～1	0.43～1.4	10
锰（mg）	40～75		65～108	53～130	1 000
碘（mg）	0.3～0.4		0.5～0.9	0.4～0.68	50

注：最大耐受量是指占干物质的百分比或是每千克干物质中的含量。

资料来源：李英等（1993）。

1. 钠和氯　在体内对维持渗透压、调节酸碱平衡、控制水代谢起着重要作用的钠是制造胆汁的重要原料，氯构成胃液中的盐酸，参与蛋白质消化。另外，食盐还有调味作用，能刺激唾液分泌，促进淀粉酶的活动。缺乏钠和氯易导致羊消化不良、食欲减退、异嗜，饲料营养物质利用率降低，发育受阻，精神萎靡，身体消瘦，健康恶化等现象。饲喂食盐能满足羊对钠和氯的需要。

2. 钙和磷　羊体内的钙约 99%、磷约 80% 存在于骨骼和牙齿中。幼龄羊体内的钙、磷比应为 2:1。血液中的钙有抑制神经和肌肉兴奋、促进血凝和保持细胞膜的完整性等作用，磷参与糖、脂类、氨基酸的代谢和保持血液 pH 正常。缺钙或磷，骨骼发育不正常，幼龄羊出现佝偻病，成年羊出现软化症等。羊食用钙化物一般不会出现钙中毒。但日粮中钙过量，会加速其他元素如磷、镁、铁、碘、锌和锰等缺乏。

3. 镁　镁有许多生理功能。镁是骨骼的组成成分，机体中的镁约有 60%～70% 存在骨骼中；许多酶也离不开镁；镁能维持神经系统的正常功能。缺镁的典型症状是痉挛。羊的镁中毒症状是昏睡、运动失调和下痢，但一般不会出现镁中毒。

4. 钾　钾约占机体干物质的 0.3%。主要存在细胞内液中，影响机体的渗透压和酸碱平衡。对酶的活化有促进作用。缺钾易造成羊采食量下降、精神不振和痉挛。绵羊对钾的最大耐受量可占日粮干物质的 3%。

5. 硫　硫是保证瘤胃微生物最佳生长的重要养分，在瘤胃微生物消化过程中，硫对含硫氨基酸（蛋氨酸和胱氨酸）、维生素 B_{12} 的合成有作用。另外，硫还是黏蛋白和羊毛的重要成分。硫缺乏与蛋白质缺乏的症状相似，羊出现食欲减退，增重减少，毛的生长速度降低。此外，还表现出唾液分泌过多、流泪和脱毛。用硫酸钠补充硫，最大耐受量为日粮的 0.4%。严重中毒症状是呼出气体有硫化氢（H_2S）气味。

6. 碘　碘是甲状腺素的组成成分，参与物质代谢过程。碘缺乏时羊出现甲状腺肥大，羔羊发育速度缓慢，甚至出现无毛症或死亡。对缺碘的绵羊，可采用碘化食盐（含 0.1%~0.2% 碘化钾）补饲。

7. 铁　铁参与血红素和肌红蛋白的形成，保证机体组织氧的运输；是细胞色素酶类和多种氧化酶的成分，与细胞内生物氧化过程密切相关。缺铁时，羊生长速度缓慢、嗜睡、贫血、呼吸频率增加；铁过量时，羊慢性中毒症状是采食量下降、生长速度慢、饲料转化率低，急性中毒表现出厌食、尿少腹泻、体温低、代谢性酸中毒、休克，甚至死亡。

8. 钼　钼是黄嘌呤氧化酶及硝酸还原酶的组成成分，体组织和体液中也含有少量的钼。钼与铜、硫之间存在着相互促进、相互制约的关系。对饲喂低钼日粮的羔羊补饲钼盐能提高其增重。钼饲喂过量时，毛纤维直、粪便松软、尿黄、脱毛、贫血、骨骼异常和体重迅速下降。钼中毒可通过提高日粮中的铜水平进行控制。

9. 铜　铜有催化红细胞和血红素形成的作用。铜与羊毛生长关系密切，在酶的作用下，铜参与有色毛纤维色素的形成。缺铜常引起羔羊共济失调、贫血、骨骼异常，以及毛纤维值、强度、弹性、染色亲和性下降，有色毛色素沉着力差。美国在缺铜地区把 $CuSO_4$ 按 0.5% 的比例加到食盐中饲喂绵羊。铜中毒症状为溶血、黄疸、血红蛋白尿，肝和肾呈现黑色。

10. 钴　钴有助于瘤胃微生物合成维生素 B_{12}。绵羊缺钴时，表现为食欲下降、流泪、被毛粗硬、精神不振、消瘦、贫血、泌乳量和产毛量降低，发情次数减少，易流产。在缺钴的地区，牧地可施用硫酸钴肥，每公顷 1.5 kg；也可补饲钴盐，将钴添加到食盐中，每 100 kg 含钴量为 2.5 g；或按钴的需要量给羊投服钴丸。

11. **锰**　锰对于骨骼发育和繁殖都有作用，缺锰会导致初生羔羊运动失调，生长发育受阻、骨骼畸形、繁殖力降低。

12. **锌**　锌是多种酶的成分，如红细胞中的碳酸酐酶、胰液中的羧肽酶和胰岛素的成分。锌可维持公羊睾丸的正常发育、精子的形成，以及羊毛的正常生长。缺锌时，羊表现为角质化不全症、掉毛、睾丸发育缓慢（或睾丸萎缩）、畸形精子多、母羊繁殖力下降；锌过量时，羊则出现中毒症状，采食量下降，羔羊增重降低。每千克日粮中含锌量为 75 mg，严重缺锌时妊娠母羊表现出流产和死胎数增多。

13. **硒**　硒是谷胱甘肽过氧化物酶的主要成分，具有抗氧化作用。缺硒时，羔羊易出现白肌病、生长发育受阻、母羊繁殖机能紊乱、多空怀和死胎，对缺硒绵羊补饲亚硒酸钠（$NaSeO_3$），或在土壤中施用硒肥，饲料添加剂口服，皮下注射或肌内注射，还可用铁和硒按 20：1 制成丸剂或含硒的可溶性玻璃球。硒过量常引起硒中毒，表现为掉毛、蹄部溃疡至脱落、繁殖力显著下降。当喂含硒低的日粮时，体内的硒便会迅速排出体外。

四、维生素需要

维生素属于低分子有机化合物，其功能在于启动和调节机体的物质代谢。维生素不足会引起机体代谢紊乱，羔羊表现出生长停滞、抗病力弱；成年羊则出现生产性能下降和繁殖机能紊乱。羊体所需要的维生素，除由饲料中获取外，还可由瘤胃微生物合成。表 6-2 列出了不同生长阶段羊对维生素的需要。

表 6-2　不同生长阶段羊对维生素的需要

维生素	绵羊（每日每只）				山羊（每日每只）			最大耐受量
	幼龄羊	成年育肥羊	种公羊	种母羊	幼龄羊	种公羊	种母羊	
A（×10³ IU）	4～9	5.7～8	9.8～33	5.7～14	3.5～5.7	6.9～13	4～12	14～1 320
D（×10³ IU）	0.42～0.7	0.5～0.76	0.5～1.02	0.5～1.15	0.4～0.55	0.33～0.62	0.42～0.9	7.4～25.8
E（mg）		51～84				32～61		560～1 500

注：最大耐受量是指每千克干物质中的含量。

资料来源：李英等（1993）。

1. 维生素 A　维生素 A 是一种环状不饱和一元醇，具有多种生理作用。缺乏时，羊会出现多种症状，如生长迟缓、骨骼畸形、繁殖器官退化、夜盲症等。绵羊每日对维生素 A 或胡萝卜素的需要量为 471 IU/kg（以体重计）或 6.9 mg/kg β-胡萝卜素（以体重计），在妊娠后期和泌乳期可增至 850 IU/kg（以体重计）或 12.5 mg/kg β-胡萝卜素（以体重计）。绵羊主要靠采食胡萝卜素满足其对维生素 A 的需要。

2. 维生素 D　维生素 D 为类固醇衍生物，分维生素 D_2 和维生素 D_3 2 种。其功能为促进钙磷吸收、代谢和成骨作用。缺乏维生素 D 易引起钙和磷代谢障碍，羔羊出现佝偻病，成年羊出现骨组织疏松症。放牧绵羊在阳光下，通过紫外线照射，可合成并获得充足的维生素 D；但如果阴雨天气时间较长或长时间圈养，羊可能出现维生素 D 缺乏症，此时可给其饲喂经太阳晒制的青干草，以补充维生素 D。

3. 维生素 E　维生素 E 叫抗不育维生素，化学结构类似酚类的化合物，极易氧化，具有生物学活性，其中以 α-生育酚的活性最高。维生素 E 主要功能是作为机体的生物催化剂。缺乏时母羊胚胎被吸收或流产、死亡，公羊精子减少、品质降低、无受精能力、无性机能。严重缺乏时，还会出现神经和肌肉组织代谢障碍。新鲜牧草中的维生素 E 含量较高，自然干燥的干草在贮藏过程中大部分维生素 E 损失掉了。

4. B 族维生素　B 族维生素主要作为细胞酶的辅酶，催化碳水化合物、脂肪和蛋白质代谢中的各种反应。绵羊瘤胃机能正常时，能由瘤胃微生物合成 B 族维生素满足羊体需要。但羔羊在瘤胃发育正常以前，瘤胃微生物区系尚未建立，日粮中需添加 B 族维生素。

5. 维生素 K　维生素 K 分为维生素 K_1、维生素 K_2 和维生素 K_3 3 种，其中 K_1 称为叶绿醌，在植物中形成；K_2 由胃肠道微生物合成；K_3 为人工合成。维生素 K 的主要作用是催化肝脏对凝血酶原和凝血活素的合成。经凝血活素的作用使凝血酶原转变为凝血酶。凝血酶能使可溶性的血纤维蛋白原变为不溶性的纤维蛋白而使血液凝固。当维生素 K 不足时，因限制了凝血酶的合成而使血凝效果较差。青饲料中富含维生素 K_1，瘤胃微生物可大量合成维生素 K_2，一般不会缺乏。但在生产中，由于饲料间的颉颃作用，如草木樨和一些杂类草中含有与维生素 K 化学结构相似的双季豆素，能妨碍维生素 K 的利用；霉变饲料中的真菌霉素有制约维生素 K 的作用；药物添加剂，如抗生素和磺胺类药物，能抑制胃肠道微生物合成维生素 K 而出现维生素 K 不足，因此需适当增加维生素 K 的喂量。

五、水的需要

水是羊体器官、组织的主要组成部分，约占体重的一半，参与羊体内营养物质的消化、吸收、代谢等生理生化过程。水的比热高，对调节体温起着重要作用，畜体内失水 10%，可导致代谢紊乱；失水 20%，则会引起死亡。

羊体需水的主要来源包括饮水、饲料水和代谢水，羊体需水量受机体代谢水平、环境温度、生理阶段、体重、采食量和饲料组成等因素的影响。在自由采食的情况下，饮水量为干物质采食量的 2～3 倍。饲料中蛋白质和食盐含量增高时，饮水量随之增加；摄入高水分饲料时，饮水量降低。饮水量随气温升高而增加，夏季饮水量高于冬季饮水量的 1～2 倍。妊娠和泌乳期羊的饮水量也要增加，如妊娠的第 3 个月饮水量开始增加，到第 5 个月增加 1 倍；怀双羔母羊饮水量大于怀单羔母羊；母羊泌乳期饮水量比空怀母羊和乳中含水量之和还要大；泌乳母羊的需水量比干乳母羊大 1 倍。

第二节　舍饲阿勒泰羊的常用饲料

一、粗饲料

粗饲料常指各种农作物收获原粮后剩余的秸秆、秕壳及干草等。按国际饲料分类原则，凡是饲料中粗纤维含量 18% 以上或细胞壁含量为 35% 以上的饲料统称为粗饲料。其特点是粗蛋白质含量很低（3%～4%）；维生素含量极低，每千克秸秆（禾本科和豆科）中含胡萝卜素 2～5 mg；粗纤维含量很高（30%～50%）；无氮浸出物含量高（一般为 20%～40%）；灰分中，含钙高、含磷低，在粗饲料矿物质中，硅酸盐含量高，这对其他养分的消化利用有影响；粗饲料含总能高，但是消化能低。粗饲料来源广、种类多、产量大、价格低，是羊在冬、春季节的主要饲料来源。

（一）干草类饲料

干草是指植物在一定生长阶段收割后干燥保存的饲草。大部分调制的干草，是牧草在未结籽前收割的草。制备干草，能达到长期保存青草中的营养物质和在冬季对羊进行补饲的目的。粗饲料中，干草的营养价值最高。青干草包括豆科干草（苜蓿、红豆草、草木樨、毛苕子等）、禾本科干草（狗尾草、羊草、燕麦等）和野干草（野生杂草晒制而成）。优质青干草中含有较多的蛋白质、胡萝卜素、维生素 D、维生素 E 及矿物质。青干草粗纤维含量一般为20%～30%，所含能量为玉米的 30%～50%。豆科干草中蛋白质、钙、胡萝卜素含量很高，粗蛋白质含量一般为 12%～20%，钙含量为 1.2%～1.9%。禾本科干草中含糖类较高，粗蛋白质含量一般为 7%～10%，钙含量在 0.4%左右。野干草的营养价值较以上 2 种干草要差些。青干草的营养价值取决于制作原料的植物种类、收割的生长阶段及调制技术。禾本科牧草应在孕穗期或抽穗期收割，豆科牧草应在现蕾期至初花期收割，晒制干草时应防止暴晒和雨淋，最好采用阴干法。

（二）秸秆类饲料

又称为藁秕类饲料，其来源非常广泛。凡是农作物籽实收获后的茎秆和枯叶均属于秸秆类饲料，如玉米秸、棉花秸、麦秸、高粱秸、稻草和各种豆秸。这类植物中粗纤维含量较干草中的高，一般为 25%～50%。木质素含量高，如小麦秸中木质素含量为 12.8%，燕麦秸粗纤维中木质素为 32%。硅酸盐含量高，特别是稻草中的灰分含量高达 15%～17%，灰分中硅酸盐占 30%左右。秸秆饲料中有机物质的消化率很低，在羊中的消化率一般小于 50%，每千克含消化能值要低于干草。蛋白质含量低（3%～6%），豆科秸秆饲料中蛋白质的含量比禾本科的高。除维生素 D 之外，其他维生素均缺乏。矿物质中钾含量高，钙、磷含量不足。秸秆的适口性差，为提高秸秆的利用率，喂前应进行切短、氨化或碱化处理。

（三）秕壳类饲料

秕壳类饲料是种子脱粒或清理时的副产品，包括种子的外壳或颖、外皮，以及混入一些成熟程度不等的瘪谷和籽实。因此，秕壳类饲料的营养价值变化较大。豆科植物中的蛋白质优于禾本科植物。包括向日葵的籽壳、打瓜壳、谷壳、高粱壳、花生壳、豆荚、棉籽壳。一般来说，荚壳的营养价值略好于同类植物的秸秆（但花生壳除外）。秕壳能值变幅大于秸秆，主要受品种、加工贮藏方式和杂质含量的影响，在打谷场中会有大量泥土混入，而且本身硅酸盐含量高。尘过多，会堵塞动物消化道而引起便秘疝痛。秕壳具有吸水性，在贮藏过程中易霉烂变质，使用时一定要注意防止霉变。

二、青饲料和青贮饲料

（一）青饲料

青饲料是新鲜的、天然水分含量在 60% 以上的植物性饲料，主要包括天然牧草、人工栽培牧草、青饲作物、叶菜类、非淀粉质根茎瓜果类、水生植物等。这类饲料在阿勒泰地区种类多、来源广、产量高、营养均衡，对促进阿勒泰羊的生长发育、改善羊肉品质、提高日粮的适口性和饲料的利用效率等具有重要作用。

1. 青饲料的营养特性

（1）含水量高，能值较低　鲜嫩的青饲料水分含量一般较高，陆生植物的水分含量为 60%～90%，而水生植物可高达 90%～95%。因此，新鲜的青饲料中干物质含量少，能量价值较低。例如，新鲜的陆生植物，其消化能仅为 1.25～2.51 MJ/kg。

（2）蛋白质含量较低，但质量较优　青饲料中的蛋白质含量一般都较低。禾本科牧草和叶菜类饲料的粗蛋白质含量为 1.5%～3.0%，豆科牧草中的粗蛋白质含量为 3.2%～4.4%。但蛋白质的质量较优，原因是青饲料是植物体的营养器官，含有各种必需氨基酸，尤其以赖氨酸、色氨酸含量较高。故蛋白质生物学价值较高，一般可达 70% 以上。

（3）粗纤维含量较低　开花或抽穗之前的青饲料，其粗纤维含量较低，无氮浸出物含量较高；粗纤维的含量随着植物生长期的延长而增加，木质素的含量也显著增加。因此，掌握好适时的收获期十分重要。

（4）矿物质含量丰富，钙磷比例适宜　青饲料中含有羊所需要的各种矿物质元素，含量因植物种类、土壤与施肥情况而异。一般来说，青饲料中钙和磷的比例较适宜（钙为 0.25%～0.5%、磷为 0.20%～0.35%），特别是豆科牧草中钙的含量较高，因此以青饲料为主要日粮时羊不易缺钙。但牧草中钠和氯的含量不足，因此放牧羊需要补饲食盐。

（5）维生素含量丰富　青饲料是羊维生素营养的主要来源。1 kg 青饲料中，胡萝卜素的含量可高达 50～80 mg。在正常采食青饲料的情况下，羊所能获得的胡萝卜素的量超过其需要量的 100 倍。另外，青饲料也是维生素 E、B 族维生素、维生素 C 的主要来源，但青饲料中不含维生素 D。

（6）适口性好，易消化　青饲料幼嫩、柔软、多汁，适口性好，易消化。青饲料中有机物质的消化率，反刍动物为 75％～85％。

2. 饲用青饲料时应注意的问题

（1）在最适刈割期收割饲喂　用禾本科牧草喂羊时应在初穗期收割，用豆科牧草喂羊时宜在初花期收割，用叶菜类牧草喂羊时应在叶簇期收割。

（2）多样搭配，营养互补　对肉羊来说，青饲料是一种成本低、来源广、效果较好的基本饲料，但干物质和能量含量低，应注意与能量饲料、蛋白质饲料和其他牧草配合使用。另外，青饲料中的粗纤维、木质素含量少，不利于反刍，饲喂羊等反刍家畜时应适当补饲优质青干草。对水分含量较大的牧草，如鲁梅克斯、菊苣等，应晾晒将水分降到 60％以下再喂，否则易引起羊腹泻。

（3）注意加工方法和喂量　用于喂羊时可切得较长，以 3～10 cm 为宜。一般绵羊适宜喂量为每日 10 kg。

（4）防止亚硝酸盐中毒　青饲料，如蔬菜、饲用甜菜、萝卜叶、芥菜叶、油菜叶等均含有硝酸盐。硝酸盐本身无毒或低毒，但在细菌的作用下，硝酸盐可被还原为具有毒性的亚硝酸盐。青饲料堆放时间过长，易发霉腐败，或者在锅里加热或煮后焖在锅里或缸中过夜，都会使细菌将硝酸盐还原为亚硝酸盐。青饲料在锅中焖 24～48 h，亚硝酸盐含量可达 200～400 mg/kg。羊亚硝酸盐中毒发病很快，多在 1 d 内死亡，严重者可在 0.5 h 内死亡。发病时羊表现为：不安、腹痛、呕吐、流吐白沫、呼吸困难、心跳速度加快、全身震颤、行走摇晃、后肢麻痹，体温无变化或偏低，血液呈酱油色。

（5）防止氰化物中毒　氰化物是剧毒物质，即使在饲料中的含量很低时也会造成动物中毒。青饲料中一般含有氢氰酸，而在高粱苗、玉米苗、马铃薯幼芽、木薯、亚麻叶、蓖麻籽饼、三叶草、南瓜蔓中含有氰苷配糖体。含氰苷配糖体的饲料经过堆放发霉或霜冻枯萎，在植物体内特殊酶的作用下，氰苷配糖体可被水解成氢氰酸。羊氢氰酸中毒的症状为腹痛、腹胀，呼吸困难而且速度快，呼出的气体有苦杏仁味，行走站立不稳，可视黏膜由红色变为白色或紫色，肌肉痉挛，牙关紧闭，瞳孔放大，最后卧地不起，四肢划动，呼吸麻痹而死。

3. 羊常用的青饲料

（1）青牧草　包括天然草地的牧草和人工种植的牧草。青牧草种类很多，其营养价值因植物种类、土壤状况等不同而有差异。人工牧草，如苜蓿、沙打旺、草木樨、苏丹草等营养价值较一般天然草地的牧草高。

（2）青割牧草　青割牧草是把农作物，如玉米、大麦、豌豆等进行密植，在籽实未成熟之前收割，饲喂肉羊。青割牧草中的蛋白质含量和消化率均比结籽后的高。此外，青草茎叶的营养含量上部优于下部、叶优于茎。因此，要充分利用生长早期的青饲料，收贮时尽量减少叶部损失。

（3）叶菜及瓜类　包括树叶（如榆树叶、杨树叶、桑树叶、果树叶等）和青菜（如白菜、胡萝卜等），均含有丰富的蛋白质和胡萝卜素，粗纤维含量较低，营养价值较高。胡萝卜产量高，耐贮存，营养丰富。胡萝卜中的大部分营养物质是淀粉和糖类，因含有蔗糖和果糖，故多汁味甜。每千克胡萝卜中含胡萝卜素超过 36 mg，含磷 0.09％，高于一般的多汁饲料。含铁量较高，颜色越深，胡萝卜素和铁含量越高。

（二）青贮饲料

青饲料虽然优点很多，但是水分含量高，不易保存。为了长期保存青饲料的营养特性，保证在牧草缺乏季节的供应，通常采用 2 种方法进行保存。一种方法是将青饲料脱水制成干草，另一种方法是利用微生物的发酵作用将青饲料调制成青贮饲料。将青饲料青贮，不仅能较好地保持青饲料的营养特性，减少营养物质的损失；而且由于青贮过程中会产生大量芳香族化合物，因此青贮的饲料具有酸香味，柔软多汁，适口性得到改善，是一种能长期保存青饲料的良好方法。此外，青贮原料中含有硝酸盐、氢氰酸等有毒物质，经发酵后含量会大大降低；同时，青贮饲料中由于存在大量乳酸菌，因此菌体蛋白质含量比青贮前提高 20％～30％，很适合喂羊。

另外，青贮饲料制作简便、成本低廉、保存时间长、使用方便，解决了冬、春季青饲料的供应难题，是羊的一类理想饲料。

三、能量饲料

以干物质计，粗蛋白质含量＜20％、粗纤维含量＜18％的一类饲料即为能量饲料，主要包括谷实类，糠麸类，脱水块根、块茎及其加工副产品等。能量饲料在阿勒泰羊育肥期的饲粮中所占比例较大，一般不超过 30%，以补饲为主。

（一）谷实类饲料

谷实类饲料主要指禾本科作物的籽实。无氮浸出物含量丰富，一般为 70% 以上；粗纤维含量少，多在 5% 以内，仅带颖壳的大麦、燕麦、水稻和粟可达 10% 左右；粗蛋白质含量一般不及 10%，但也有一些谷实，如大麦、小麦等达到甚至超过 12%；谷实蛋白质的品质较差，因其中的赖氨酸、蛋氨酸、色氨酸等含量较少；灰分中，钙少磷多，但磷多以植酸盐形式存在；维生素 B_1、维生素 E 含量较丰富，但维生素 C、维生素 D 含量贫乏；适口性好；消化率高，有效能值也高。正是由于上述营养特点，因此谷实是动物最主要的能量饲料。常用的谷实类饲料举例如下。

1. 玉米　玉米因适口性好、能量含量高，在瘤胃中的降解率低于其他谷类，可以通过瘤胃达到小肠的营养物质比较高，因此可大量用于羊只日粮中，如用于羔羊育肥及山羊、绵羊补饲等。绵羊羔羊育肥中，用整粒玉米加上大豆饼（粕），可取得很好的育肥效果，并且肉质细嫩、口味好。

玉米单独饲用不能满足羊的营养需要，在饲用时要与其他精饲料、粗饲料混合使用。另外，玉米含有较高的脂肪，且不饱和脂肪酸含量较多，磨碎后易氧化而酸败，因此不宜长期贮存。在贮存过程中受潮易发霉变质，受黄曲霉菌感染。

2. 小麦　小麦喂羊以粗粉碎或蒸汽高压压片效果较好。整粒喂羊易引起羊的消化不良但如果粉碎得过细，麦粉在羊口腔中呈糊状也会降低饲喂效果。由于小麦在羊瘤胃中的消化速度很快，其营养成分很难直接到达小肠，因此不宜大量使用。细磨的小麦经炒熟后可作为羔羊代乳料的成分，因为其适口性好，饲喂效果也很好。麦麸可广泛用于肉羊，麦麸中含有的植酸磷经瘤胃微生物作用后，可很好地被肉羊吸收和利用。小麦在饲料中的用量以不超过 40% 为宜。

3. 燕麦　燕麦有很好的适口性，但必须粉碎后饲喂。在加有燕麦的饲粮中添加纤维素酶，可提高其饲用价值。燕麦是牛、羊、马等的良好能量饲料，饲用价值较高。给肉羊饲喂后也有良好的促生长作用。

4. 大麦　羊因其瘤胃微生物的作用，所以可以很好地利用大麦。饲用时，不宜粉碎，宜压扁或磨碎，因为粉碎的大麦易引起羊膨胀症，可先将大麦浸泡或压扁后饲喂来预防此症。大麦经过蒸汽或高压压扁处理后加入饲粮中，能增加其黏性，有助于饲粮成型，同时可提高羊的育肥效果。

（二）糠麸类饲料

1. 小麦麸　俗称麸皮，是以小麦籽实为原料加工成面粉后的副产品。小麦麸的成分变化较大，主要受小麦品种、制粉工艺、面粉加工精度等因素的影响。我国对小麦麸的分类方法较多。据有关资料统计，我国每年用作饲料的小麦麸约为 1 000 万 t。

麸皮适口性好，但能量价值较低，麸皮的消化能、代谢能均较低。麦麸中粗纤维含量多，是绵羊良好的饲料，其用量可占饲粮的 25%～30%。粗蛋白质含量较高，一般为 11%～15%，蛋白质的质量较好，赖氨酸含量为 0.5%～0.7%，但是麸皮中蛋氨酸含量较低，只有 0.11%左右。麸皮中 B 族维生素及维生素 E 的含量高，可以作为肉羊配合饲料中维生素的重要来源。因此，在配制饲料时，麸皮通常都作为一种重要原料。麸皮的最大缺点是钙、磷含量比例（约 1∶8）极不平衡，其中磷多为（约 75%）植酸磷。另外，小麦麸中铁、锰、锌含量较多。小麦麸容积大，每升容重为 225 g 左右。另外，小麦麸还具有轻泻性，可通便润肠，是母羊饲粮的良好原料。

2. 玉米皮　是玉米加工成淀粉后的副产品，由玉米皮、胚芽和胚乳组成。玉米皮中含粗蛋白质 10.1%，粗纤维含量较高（9.1%～13.8%），可消化性比玉米差，适口性比麸皮好，在肉羊日粮中可以替代麸皮使用。

3. 大豆皮　是大豆加工过程中分离出的种皮，粗蛋白质含量为 18.8%，粗纤维含量高，其中木质素含量少，所以消化率高，适口性也好。粗饲料中加入大豆皮能提高羊的采食量，其饲喂效果与玉米相同。

4. 大麦麸　是大麦加工的副产品，在能量、蛋白质和粗纤维含量上皆优于小麦麸。

（三）块根、块茎及其加工副产品

这类饲料主要包括薯类（马铃薯）、糖蜜、甜菜渣、瓜类等，其饲料干物质中主要是无氮浸出物，而粗蛋白质、粗脂肪、粗纤维、粗灰分含量较少或极低。

1. 马铃薯　马铃薯含有大量的无氮浸出物，其中大部分是淀粉，约占干物质的 70%。风干的马铃薯中粗纤维含量为 2%～3%，无氮浸出物含量为70%～80%，粗蛋白质含量 8%～9%，含消化能 14.23 MJ/kg。马铃薯非蛋白氮含量较多，约占蛋白质含量的一半。马铃薯中有一种糖苷类物质，叫龙葵素，是有毒物质，主要分布在块茎青绿皮上、芽眼与芽中。在幼芽及未成熟的块茎和贮存期间经日光照射变成绿色的块茎中含量较高，喂量过多可引起中毒。饲喂时要切除发芽部位并仔细选择，以防羊中毒。马铃薯经加工制粉后的剩余物为马铃薯粉渣，该粉渣与甘薯粉渣同样是含淀粉很丰富的饲料，饲料成分和营养价值也几乎相同。干粉渣中含蛋白质约 4.1%，含可溶性无氮浸出物约 70%，是很好的能量饲料。马铃薯粉渣可以用于肉羊饲料中。马铃薯中的非蛋白含氮物和可溶性无氮浸出物可以很好地被肉羊利用，其在肉羊日粮中的比例应控制在 20%。

2. 甜菜与甜菜渣　甜菜和甜菜渣也都是肉羊育肥的好饲料，干鲜皆宜。干甜菜渣可以取代日粮中的部分谷类饲料，但不可作为唯一的精饲料来源。干甜菜渣在羊育肥中可取代 50% 左右的谷物饲料。在羔羊代乳料中应尽量少用，在成年羊饲料中可以增加用量。注意干甜菜渣在喂前应先用 2～3 倍重量的水浸泡，避免干饲后在动物消化道内大量吸水引起膨胀而致病。甜菜渣加糖蜜和7.8% 尿素可以制成甜菜渣块制品，其质硬、消化慢、尿素利用率高、安全性好，采食量可提高 20%。

3. 糖蜜　甜菜糖蜜具有甜味，适口性较好。肉羊瘤胃微生物可很好地利用糖蜜中的非蛋白氮，从而提高其蛋白质价值。糖蜜中的糖类有利于瘤胃微生物的生长和繁殖，因此可以改善瘤胃环境。糖蜜可作为肉羊育肥的饲料，与干草、秸秆等粗饲料搭配使用，可改善它们的适口性，提高采食量和利用率。

4. 瓜果渣　阿勒泰地区有大量的瓜果副产品，如打瓜渣、番茄渣、葡萄渣等，这些副产品富含肉羊可以消化的营养物质。由于其水分含量高，故难以保存。近年来通过微生物发酵技术，向这些高水分含量的新鲜瓜果渣中添加益生菌，在有氧和无氧条件下进行发酵，其产品可以很好地用于羊饲料中，用量以 20% 以下为宜。

四、蛋白质饲料

蛋白质饲料是指干物质中粗蛋白质含量大于或等于 20%、粗纤维含量小于18%的饲料。可分为植物性蛋白质饲料、动物性蛋白质饲料、非蛋白氮饲料和单细胞蛋白质饲料。蛋白质饲料是动物配合饲料中重要的且比较缺乏的饲料原料之一，应深入开发利用。

1. 棉籽饼粕　棉籽饼粕中粗蛋白含量较高，达34%以上，棉籽仁饼粕中粗蛋白含量可达41%～44%。氨基酸中赖氨酸含量较低，仅相当于大豆饼粕的50%～60%，蛋氨酸含量亦低，精氨酸含量较高，赖氨酸与精氨酸之比在100∶270及以上。矿物质中钙少磷多，其中71%左右为植酸磷，含硒少。B族维生素含量较多，维生素A、维生素D含量少。

棉籽饼粕对反刍动物的毒性较小，是反刍动物良好的蛋白质来源。阿勒泰羊能以棉籽饼粕为主要蛋白质饲料，但应给其提供优质粗饲料，同时补充胡萝卜素和钙，方能获得良好的增重效果，一般在精饲料中可占30%～40%。棉籽仁饼粕也可作为羊的优质蛋白质饲料来源，同样需配合优质粗饲料。游离棉酚过量可使种用动物尤其是雄性动物的生殖细胞发生障碍，因此用其饲喂种公羊时一定要控制用量。

2. 向日葵仁饼粕　向日葵仁饼粕是向日葵籽生产食用油后的副产品，可制成脱壳或不脱壳两种，是一种较好的蛋白质饲料。阿勒泰地区向日葵种植面积较大，可以作为牛、羊等反刍动物的优质蛋白质饲料来源。向日葵仁饼粕的营养价值高，粗蛋白质含量可达到41%～46%，与大豆饼粕相当，但脱壳程度差的产品，其营养价值稍低。氨基酸组成中，赖氨酸含量低，硫氨酸含量丰富，粗纤维含量较高，有效能值低；脂肪占6%～7%，其中50%～75%为亚油酸；矿物质中钙、磷含量高，但磷以植酸磷为主；微量元素中锌、铁、铜含量丰富；B族维生素、尼克酸、泛酸含量均较高。向日葵仁饼粕中的难消化物质，有外壳中的木质素和高温加工条件下形成的难消化糖类。此外，还有少量的酚类化合物，主要是绿原酸，含量为0.7%～0.82%，其氧化后变黑，是饼粕色泽变暗的内因。绿原酸对胰蛋白酶、淀粉酶和脂肪酶有抑制作用，加蛋氨酸和氯化胆碱可抵消这种不利影响。

对反刍动物而言，向日葵仁饼粕的适口性好，饲用价值与豆粕相当，是良好的蛋白质饲料。阿勒泰羊采食向日葵仁饼粕后，瘤胃内容物pH下降，可提高瘤胃内容物的溶解度。向日葵壳中含粗蛋白质4%、粗纤维50%、粗脂肪2%、粗灰分2.5%，可以作为粗饲料喂羊。

3. 酒糟　酒糟是制造各种酒类所剩的糟粕。由于大量的可溶性碳水化合物发酵成乙醇而被提取，故其他营养物质，如蛋白质、粗纤维、粗脂肪和粗灰分等都相应浓缩，而无氮浸出物的浓度则降低到50％以下。酒糟用作饲料的难度是其水分含量太高（一般为64％～76％），如果进行人工干燥，加工处理的成本太高，自然风干速度不仅慢而且容易受微生物的破坏。酒糟既可以直接饲喂阿勒泰羊，也可以将其混合在青饲料中制作青贮饲料喂羊。

第三节　舍饲阿勒泰羊的矿物质饲料

羊日粮组成主要是植物性饲料，而大多数植物性饲料中的矿物质不能满足肉羊快速生长的需要。矿物质元素在机体生命活动过程中起十分重要的调节作用，尽管占机体比重很小，且不供给能量、蛋白质和脂肪，但缺乏时易造成肉羊生长速度缓慢、抗病能力减弱，以致威胁生命。因此生产中必须给肉羊补充矿物质，以达到日粮中的矿物质平衡，满足肉羊生存、生长、生产、高产的需要。

一、钙磷饲料

1. 饲料级磷酸氢钙　饲料级磷酸氢钙为工业磷酸与石灰乳或碳酸钙中和生产的饲料级产品，是饲料工业中钙和磷的补充剂。本品为白色、微黄色、微灰色粉末或颗粒状。

2. 碳酸钙　碳酸钙（含钙为40％），是一种无臭、无味的白色结晶或粉末。常用的饲料级碳酸钙有两种类型：一种是重质碳酸钙，它是天然的石灰石经过粉碎、研细再筛选而成的，动物对它的利用率不高；另一种是轻质碳酸钙，是将石灰石煅烧，用水消化后再与二氧化碳生成的沉淀而制成的，动物对它的利用率较高。由于在生产过程中是一种沉淀物，因此也常称其为沉淀碳酸钙。

3. 石粉　也称为石灰石、方解石、白云石等，都是天然碳酸钙，来源广、价廉、利用率高，含钙量在33％以上。国家标准规定了砷、铅、汞、氟、镉等最高限量，用作饲料的原料其重金属不允许超过相应标准。

4. 贝壳粉　是丰富的钙补充饲料，其含钙量为32％～35％。质地比较坚硬，在饲料工业中常用不同粒度的贝壳粉喂不同的动物。

5. 蛋壳粉　是由蛋壳和蛋壳膜等加热干燥后制成的，其碳酸钙含量为

89%～97%。其中，含钙为30%～40%，含磷为0.1%～0.4%，含碳酸镁为0.1%～2.0%，含磷酸钙和磷酸镁为0.5%～5%，含有机物为2%～5%，是比较廉价的钙质补充饲料原料。

二、食盐

食盐的成分是氯化钠，是羊饲料中钠和氯的主要来源。植物性饲料中含钠和氯都很少，故需以食盐方式添加。

饲料中缺少钠和氯元素会影响羊的食欲。羊长期摄取食盐不足，可引起活力下降、精神不振或发育迟缓，降低饲料利用率。缺乏食盐的肉羊往往表现舔食棚圈的地面、栏杆，啃食土块或砖块等异物。但饲料中盐过多而饮水不足，就会发生中毒。中毒主要表现为口渴、腹泻、身体虚弱，重者可引起死亡。羊需要钠和氯多，对食盐的耐受性也大，因此很少发生食盐中毒的报道。肉羊育肥饲料中食盐的添加量为0.4%～0.8%。最好通过盐砖补饲食盐，即把盐块放在固定的地方，让肉羊自行舔食，如果在盐砖中添加微量元素则效果更佳。

三、天然矿物质饲料

天然矿物质饲料中含有多种矿物质元素和营养成分，既可以直接添加到饲料中去，也可以作为添加剂的载体使用。常见的天然矿物质主要有膨润土、沸石、麦饭石、海泡石等。

1. 膨润土　饲用膨润土是指钠基膨润土，或称膨润土钠，是一种天然矿产，呈灰色或灰褐灰，细粉末状。我国膨润土资源非常丰富，易开采，成本低，使用方便，容易保存。钠基膨润土具有多方面的功能，如吸附、膨胀、置换、塑造、乳合、润滑、悬浮等。在饲料工业中，它主要有三个用途：一是作为饲料添加成分，以提高饲料利用效率；二是代替糖浆等作为颗粒饲料的熟结剂；三是代替粮食作为各种微量成分的载体，起稀释作用，如稀释各种添加剂和尿素。膨润土中所含元素至少在11种以上，因产地和来源不同，所以其成分也有差异。各种元素含量一般为：硅30%、钙10%、铝8%、钾6%、镁4%、铁4%、钠2.5%、锰0.3%、氯0.3%、锌0.01%、铜0.008%、钴0.004%，这些物质大都是羊生长发育必需的常量元素和微量元素。另外，膨润土还能使酶和激素的活性或免疫反应发生显著变化，对羊生长有明显的生物学价值。

2. 沸石　天然沸石大多是由盐湖沉积和火山灰烬形成的，主要成分是硅酸盐，常含有钠、钾、钙、镁等离子。为白色或灰白色，呈块状。粉碎后为细四面体颗粒。四面体颗粒具有独特的多孔蜂窝状结构。到目前已被发现的天然沸石有 40 多种，其中有利用价值的主要有斜发沸石、丝光沸石、镁碱沸石、菱沸石、方沸石、片沸石、浊沸石、钙沸石等，其中以斜发沸石和丝光沸石利用价值较好。沸石在结构上具有很多孔径均匀、一致的孔道和内表面积很大的孔穴，孔穴和孔道占总体积的 50% 以上。因此进入体内具有交换金属离子的功能，即吸收环境中的自由水分，把其本身所带的钾、钠、钙离子等交换出来；另外，它可以吸附一些有害元素和气体，故有除臭作用，起到了"分子筛"和"离子筛"的功能。沸石具有很高的活性和抗毒性，可调整肉羊瘤胃的酸碱性，对肝、肾功能有良好的促进作用。沸石具有较好的催化性、耐酸性、热稳定性。在生产实践中沸石可以作为天然矿物质添加剂用于羊日粮中，羊饲料中的用量为 2%～7%。沸石也可作为添加剂的载体，用于制作微量元素预混料或其他预混料。

3. 麦饭石　麦饭石的主要成分是硅酸盐。它富含肉羊生长发育所必需的多种微量元素和稀土元素，如硅、钙、铝、钾、镁、铁、钠、锰、磷等，有害成分含量少，是一种优良的天然矿物质营养饲料。麦饭石具有一定的生理功能和药物作用，能增强动物肝脏中 DNA 和 RNA 的含量，使蛋白质合成增多。麦饭石可提高抗疲劳和抗缺氧能力，增加血清中的抗体，具有刺激机体免疫能力的作用。此外，麦饭石还具有吸附性和吸气、吸水性能。因能吸收肠道内有害气体，故能改善消化，促进生长，还可防止饲料在贮藏过程中受潮结块。在羊日粮中用量为 1%～8%。麦饭石可作为添加剂载体使用。

4. 海泡石　海泡石是一种海泡沫色的纤维状天然黏土矿物质。呈灰白色，有滑感，无毒、无臭，具有特殊的层链状晶体结构和稳定性、抗盐性及脱色吸附性，有除毒、去臭、去污的能力。海泡石具有很大的表面积，吸附能力很强，可以吸收自身重量 200%～250% 的水分，还具有较低的阳离子交换特性和良好的流动性。海泡石在饲料工业上可以作为添加剂加入到肉羊日粮中，其用量一般为 1%～3%，也可作为其他添加剂的载体或稀释剂。

5. 稀土　稀土由 15 种镧系元素和钪、钇共 17 种元素组成。研究表明，稀土可激活具有吞噬能力的异嗜性粒细胞，故可增强机体免疫力、提高动物的成活率，而有益于增重及改善饲料效率，并且与微量元素有协同作用。稀土在饲料中的用量很小，来源不同用量差别也很大，使用时应注意按产品说明书操作。

第四节　舍饲阿勒泰羊的添加剂饲料

添加剂在配合饲料中占的比例很小，但其作用则是多方面的。对动物方面起作用的有抑制消化道有害微生物繁殖，促进饲料营养消化、吸收，抗病、保健、驱虫，改变代谢类型、定向调控营养，促进动物生长和营养物质沉积，减少动物兴奋，减低饲料消耗及改进产品色泽，提高商品等级等。

一、营养性添加剂

营养性添加剂包括微量元素添加剂、氨基酸添加剂、维生素添加剂等。

（一）微量元素添加剂

在羊日粮中，适量的微量元素是其营养所必需的，但超量则有毒害。这就要求在设计配方时要严格控制用量，不可随意加大某种微量元素的供给量，严防中毒事故的发生。锰、铁、锌等元素的安全系数在 50 倍左右，钴、碘等元素的安全系数也较高，由于计量不准或混合不均匀而发生动物中毒的可能性不太大。唯有硒、铜的安全系数较小，在计量不准或混合不均匀时极其容易发生中毒，应引起高度注意。

（二）氨基酸添加剂

氨基酸添加剂在饲料中的添加量较大，一般在日粮中以百分含量计。同时，氨基酸的添加量是以整个日粮内氨基酸平衡为基础的，而饲料原料中的氨基酸含量和利用率相差甚大。因此，氨基酸一般不加入添加剂预混料中，而是直接加入配合饲料或浓缩蛋白质饲料中。

（三）维生素添加剂

维生素，是维持动物生命活动、促进新陈代谢、提高生产性能所必不可少的营养要素之一。在集约化饲养条件下若不注意，极易造成动物维生素的不足或缺乏。生产中，因严重缺乏某种维生素而引起特征性缺乏症是很少见的，经常遇到的则是因维生素不足引起的非特异性症候群，如皮肤粗糙、生长速度缓慢、生产水平下降、抗病力减弱等。因此，在现代化畜牧业中，使用维生素不再是用来治疗某种维生素缺乏症，而是作为饲料添加剂成分补充饲料中维生素含量的不足，来满足动物生长发育和生产性能的需要，增强抗病和抗各种应激的能力，提高产品品质和增加产品数量。目前，已经发现的维生素有 23 种，但在羊饲料中需要添加的主要是维生素 A、维生素 D 和维生素 E，另外B族维生素也有添加。

二、非营养性添加剂

非营养性添加剂包括生长促进剂（合成抗菌药物、酶制剂等）、驱虫保健剂（如抗球虫药等）、饲料保鲜剂（如抗氧化剂）等。虽不是饲料中的固有营养成分，本身也没有营养价值，但具有抑菌、抗病、维持机体健康、提高适应性、促进生长、避免饲料变质和提高饲料报酬的作用。

（塔里木大学蒋慧和蒋涛　甘肃农业大学袁玖　编写）

第七章
阿勒泰羊的饲养管理技术

第一节　阿勒泰羊种公羊的饲养管理技术

种公羊是发展养羊业的重要生产资料，对羊群的生产水平、产品品质都有重要的影响。在现代养羊业中，人工授精技术得到了广泛应用，虽然需要的种公羊数量较少，但对种公羊品质要求越来越高，养好种公羊是使其优良遗传特性得以充分发挥的关键。阿勒泰羊作为种公羊的基本要求：体质结实，不肥不瘦，精力充沛，性欲旺盛，精液品质好。

种公羊精液的数量和品质，取决于饲草饲料的全价性及饲养管理的科学性和合理性。种公羊 1 次射精量 1 mL，需要可消化蛋白质 50 g，而且是高质量的蛋白质。因为精液中含有白蛋白、球蛋白、核蛋白、黏蛋白和硬蛋白，这些蛋白质必须从日粮中摄入。碳水化合物对繁殖能力没有特别的影响，但是如果缺少了脂肪，种公羊的繁殖能力会受到影响。因为不饱和脂肪酸，如亚麻油酸、次亚麻油酸及花生四烯酸是合成性激素的必需物质，严重不足时则妨碍生殖能力。维生素 A 对种公羊繁殖能力的影响很大，缺乏时会使公羊精液品质变坏，性欲不强；维生素 E 不足时，生殖上皮发生病理变化，精子形成过程受到阻碍。钙、磷对种公羊精子形成的影响很大，缺乏时公羊繁殖能力下降。种公羊得到充足的营养后，性欲旺盛，精子活力强、密度大，使母羊受胎率高。在饲养上，应根据种公羊的饲养标准配合全价日粮，饲料来源要多样化，要有一定数量的青饲料或块根块茎类饲料，日粮中应含有丰富的蛋白质、维生素和矿物质，日粮应体积小、易消化、适口性好、品质优良。

在管理上，种公羊与母羊应分群饲养，以免造成系谱不清、乱交滥配、近亲繁殖等现象发生。另外，还要使公羊保持良好的体质和旺盛的性欲，以及正常的采精配种能力，并保证有足够的运动量。在常年放牧条件下，应选择优良的天然牧场或人工草场放牧种公羊群；舍饲羊场，在提供优质全价日粮基础上，每日安排4～6 h的放牧运动。种公羊的羊舍面积应大于母羊，每只种公羊占1.8～2.25 m²，运动场的面积应大于5 m²，以确保种公羊有充分的运动和休闲场地。

　　常年安排采精或配种的种羊场，一年四季基本保持均衡的营养水平。夏季种公羊的精液品质比较差，尽量不制作或少制作冷冻精液，但可以开展鲜精配种或自然交配，夏季种公羊应注意防暑降温，采精或配种应在清晨进行。冬季天气寒冷，种公羊的营养维持需要明显提高，日粮的营养水平应相应提高。种公羊不能饲养得过肥或过瘦，否则会导致繁殖配种能力下降。应实行季节性繁殖的生产方案，种公羊的饲养管理分为配种期和非配种期两个阶段。

一、配种期饲养管理

　　配种期包括配种预备期（1～1.5个月）、配种期和配种后复壮期（1～1.5个月）。配种预备期应增加精饲料的投喂量，按配种期的60%～70%给予，日粮应由非配种期逐渐增加到配种期的饲养标准。同时，配种预备期应采精10～15次，精液弃之不用，目的是排空公羊附睾和输精管中积蓄的精子，这些精子中死精和活力不高的精子比例较大，精液品质不好。在整个配种季节，种公羊的使用频率高，1 d可配种3～5次，体力消耗很大。因此配种季节后，一定要有一个复壮的过程，复壮期继续饲喂配种期的日粮，然后逐步过渡到非配种期的日粮标准。

　　1. 饲养管理日程　　种公羊在配种期内要消耗大量的养分和体力，因配种任务或采精次数不同，对营养的需要量也不同。对配种任务繁重的优秀种公羊，每天应补饲1.5 kg的混合精饲料，并在日粮中增加部分动物性蛋白质饲料，以保持其有良好的精液品质。配种期种公羊的饲养管理要做到认真、细致，要经常观察羊的采食、饮水、运动及粪、尿排泄等情况，保持饲料、饮水的清洁卫生。在夏季，高温、潮湿对种公羊不利，会造成精液品质下降。为避免夏季高温，应尽可能早、晚放牧，中午回圈内休息。种公羊舍要通风良好。如有可能，种公羊舍应修成带漏缝地板或在羊舍中铺设羊床。在配种前1.5～2个月，逐渐调整种公羊的日粮，增加混合精饲料的比例，同时进行采精训练和精液品质检查。种公羊在配种前1个月开始采精，以检查精液品质。开始采精时，1周采精1次，之后1周2次，以后2d1次。到配种时，每天采精1~2次，成年公羊每日采精最多可达3~4次。对精液稀薄的种公羊，应增加日粮中蛋白质饲料的比例；当精子活力差时，应加强种公羊的运动。种公羊的采精次数要根据年龄、体况和种用价值来确定。每次采精应有1~2 h的间隔时间。采精较频繁时，也应保证种公羊每周有1~2 d的休息时间，以免因过度消耗养分和体力而造成体况明显下降。当放牧运动量不足时，每天早上可酌情定时、定距离和定速度增加运动量。种公羊饲养管理日程，因地而异，可参考以下的种公羊配种期的饲养管理日程：

7:00~8:00　运动，距离2 000 m

8:00~9:00　喂料（精饲料和多汁饲料占日粮的1/2，鸡蛋1~2枚）

9:00~11:00　采精

11:00~15:00　放牧和饮水

15:00~16:00　圈内休息

16:00~18:00　采精

18:00~19:00　喂料（精饲料和多汁饲料占日粮的1/2，鸡蛋1~2枚）

2. 日粮配合　种公羊在配种前1.0~1.5个月，日粮应由非配种期逐渐增加到配种期的饲养标准。在舍饲期的日粮中，禾本科干草一般占35%~40%，多汁饲料占20%~25%，精饲料占40%~45%。

种公羊配种期，除放牧外，每天补饲精饲料0.8~1.0 kg、牛奶0.5~1.0 kg或鸡蛋2~4枚（拌料或灌服）、骨粉10 g、食盐15 g。例如，甘肃省天祝种羊场，配种期种公羊每日每只采精2~3次，燕麦干草自由采食，补饲豌豆1.25 kg，胡萝卜1.0~1.5 kg，鸡蛋2~3枚，骨粉5~8 g，食盐15~20 g。阿勒泰羊成年公羊体重在100 kg左右，适应阿勒泰高纬度寒冷地区，可参考该标准。

二、非配种期饲养管理

种公羊在非配种期的饲养以恢复和保持其良好的种用体况为目的。配种结束后，种公羊的体况都有不同程度的下降，为使体况很快恢复，在配种刚结束的1~2个月内，种公羊的日粮应与配种期基本一致，但对日粮的组成可作适当调整，增加优质青干草或青绿多汁饲料的比例，并根据体况的恢复情况，逐渐转为饲喂非配种期的日粮。在冬季，种公羊的饲养要保持较高的营养水平，既有利于体况恢复，又能保证其安全越冬。做到精粗饲料合理搭配，补喂适量青绿多汁饲料（或青贮料），在精饲料中应补充一定的矿物质微量元素。混合精饲料的用量不低于 0.5 kg，优质干草 2～3 kg。种公羊在春、夏季以放牧为主，每日补喂少量的混合精饲料和干草。

在农区，气候比较温和，雨量充沛，牧草的生长期长、枯草期短，加之农副产品丰富，羊的繁殖季节集中在春、秋两季，部分母羊可全年发情配种。因此，对种公羊全年均衡饲养尤为重要。除做好放牧、运动外，每天应补饲 0.5～1 kg 混合精饲料和一定的优质干草。

种公羊的日常管理应由专人负责，力争保持常年相对稳定。种公羊应单独组群放牧和补饲，避免公、母混养。配种期的公羊更应远离母羊舍，并单独饲养，以减少发情母羊和公羊之间的相互干扰。对当年的公羊与成年公羊也要分开饲养，以免互相爬跨，影响发育。种公羊舍宜宽敞、明亮，保持清洁、干燥，并定期消毒。对种公羊应定期检疫和预防接种及驱虫药浴，认真做好各种疾病的防治工作，确保种公羊有一个健康的体质。

第二节　阿勒泰羊繁殖母羊的饲养管理技术

母羊是羊群发展的基础。对繁殖母羊，要求常年保持良好的饲养管理条件，以完成配种、妊娠、哺乳和提高生产性能等任务。繁殖母羊的饲养管理，可分为空怀期、妊娠期和泌乳期 3 个阶段。

一、空怀期的饲养管理

空怀期的主要饲养管理任务是恢复体况。羊的配种繁殖因地区及气候条件的不同而有很大的差异，因而各地产羔季节的安排不同，母羊的空怀期长短各异，如在年产羔一次的情况下，母羊的空怀期一般为 5—7 月。在这期间牧草繁茂，营养丰富，注重放牧，一般经过 2 个月抓膘可增重 10～15 kg，为配种做好准备。为保持母羊良好的配种体况，也可以进行全年均衡饲养，尤其应搞好配种前母羊的补饲。一般在养羊生产中，配种前 1 个月要进行短期优饲，提高日粮能量水平，使母羊发情整齐，增加排卵数，提高产羔率。体重在 55 kg 左右的阿勒泰羊成年母羊饲养标准可参考《肉羊饲养标准》（NY/T 816—

2004）进行。

二、妊娠期的饲养管理

妊娠后期母羊的管理要细心、周到，在进出圈舍及放牧时，要控制羊群前进的速度，避免拥挤或急驱猛赶；补饲、饮水时要防止拥挤和滑倒，否则易造成流产。除遇暴风雪天气外，应增加母羊户外活动的时间。母羊妊娠期一般分为妊娠前期（3个月）和妊娠后期（2个月）。

1. 妊娠前期　胎儿发育速度较慢，所增重量仅占羔羊初生重的10％。此间，牧草尚未枯黄，通过加强放牧能基本满足母羊的营养需要；随着牧草的枯黄，除放牧外，必须补饲，每只日补饲优质青干草2.0 kg或青贮饲料1.0 kg。

2. 妊娠后期　此期胎儿生长发育速度快，所增重量占羔羊初生重的90％，对营养物质的需要量明显增加。据研究，妊娠后期的母羊和胎儿一般增重7～8 kg及以上，能量代谢比空怀母羊提高15％～20％，如果缺乏补饲条件，易造成胎儿发育不良、母羊产后缺奶、羔羊成活率低。因此，加强对妊娠后期母羊的饲养管理，保证其营养物质的需要，对胎儿毛囊的形成、羔羊出生后的发育和整个生产性能的提高都有利。在管理上，仍须坚持放牧，每天放牧可达6 h以上，游走距离8 km以上。母羊临产前1周左右，夜间应将其放于待产圈中饲养和护理。不得远牧，以便分娩时能回到羊舍，但不要把临近分娩的母羊整天关在羊舍内。在放牧时，做到慢赶、不打、不惊吓、不跳沟、不走冰滑地和出入圈不拥挤。饮水时应注意饮用清洁水，早晨空腹不饮冷水，忌饮冰冻水，以防流产。同时，禁喂发霉变质和冰冻饲料。

三、哺乳期的饲养管理

母羊哺乳期一般为3～4个月，可分为哺乳前期（1.5～2个月）和哺乳后期（1.5～2个月）。母羊的补饲重点应在哺乳前期。

（一）哺乳前期的饲养管理

羔羊出生后一段时期内，其主要食物是母乳，尤其是出生后15～20 d内，母乳几乎是唯一的营养物质。因此，母羊泌乳量越多，羔羊的生长速度越快、发育越好、抗病力越强，因而成活率就越高。母羊产羔后泌乳量逐渐上升，在4～5周内达到泌乳高峰。8周后逐渐下降。随着泌乳量的增加，母羊需要的养分也应增加，如所提供的养分不能满足其需要时，母羊就会大量动用体内贮备的养分来弥补，泌乳性能好的母羊往往比较瘦弱，这是一个重要原因。因此应根据带羔的多少和泌乳量的高低，搞好母羊补饲。带单羔的母羊，每天补喂混合精饲料 0.3～0.5 kg；带双羔或多羔的母羊，每天应补饲 0.5～1.5 kg。对体况较好的母羊，产后 1～3 d 内可不补喂精饲料，以免造成消化不良或发生乳房炎。为调节母羊的消化机能，促进恶露排出，可喂少量轻泻性饲料（如在温水中加入少量麦麸喂羊）。3 d 后逐渐增加精饲料的用量，同时给母羊饲喂一些优质青干草和青绿多汁饲料，力求母羊在哺乳前期不掉膘，使哺乳后期保持原有体重或增重。

（二）哺乳后期的饲养管理

哺乳后期母羊的泌乳量下降，即使加强补饲，也不能继续维持其高的泌乳量，单靠母乳已不能满足羔羊的营养需要。此时羔羊已可采食一定量植物性饲料，对母乳的依赖程度减小。在泌乳后期应逐渐减少对母羊的补饲，到羔羊断奶后母羊可完全采用放牧饲养，但对体况下降明显的瘦弱母羊，需补喂一定的干草和青贮饲料，使母羊在下一个配种期到来时能保持良好的体况。例如，对哺乳母羊按产单羔、产双羔分别组群，产单羔母羊每只每日补饲精饲料 0.2 kg、青贮饲料 1.0～1.5 kg、豆科干草 0.5～1.0 kg、干草 2.0 kg、胡萝卜 0.2～0.5 kg，并加喂豆浆和饮用温水；对产双羔母羊日补饲精饲料增加到 0.3～0.4 kg。

第三节　阿勒泰羊羔羊的饲养管理技术

羔羊主要指断奶前处于哺乳期间的羊只，羔羊生长发育速度快、可塑性大，合理地对其进行培育，既能充分发挥其遗传性能，又能加强外界条件的同化和适应能力，有利于个体发育，提高生产力。我国羔羊多采用 3～4 月龄断奶。有的国家对羔羊采用早期断奶，即在生后 1 周左右断奶，然后用代乳品进行人工哺乳；还有的采用生后 45～50 d 断奶，断奶后饲喂植物性饲料，或在优质人工草地上放牧。

一、羔羊的饲养

羔羊出生后，应尽早吃到初乳。初乳中含有丰富的蛋白质（17%～23%）、脂肪（9%～16%）、矿物质等营养物质，对增强羔羊体质、抵抗疾病和排出胎粪具有重要的作用。初生羔羊不吃初乳，将导致生产性能下降，死亡率增加。

在羔羊1月龄内，要确保双羔和弱羔能吃到奶。对初生孤羔、缺奶羔羊和多胎羔羊，在保证吃到初乳的基础上，应找保姆羊寄养或人工哺乳，可用牛奶、山羊奶、绵羊奶、奶粉和代乳品等。人工哺乳务必做到清洁卫生，定时、定量和定温（35～39℃），哺乳工具用奶瓶或饮奶槽，但要定期消毒，保持清洁，否则羔羊易患消化道疾病。对初生弱羔、初产母羊或护仔行为不强的母羊所产羔羊，需人工辅助吃乳。母羊与其初生羔羊一般要共同生活7 d左右，才有利于初生羔羊吮吸初乳和建立母仔感情。羔羊10日龄就可以开始训练吃草料，以刺激消化器官的发育，促进心肺功能健全。在圈内安装羔羊补饲栏（仅能让羔羊进去）让羔羊自由采食，少给勤添；待全部羔羊都会吃料后，再改为定时、定量补料，每只日补喂精饲料50～100 g。羔羊生后7～20 d，晚上母仔在一起饲养，白天羔羊留在羊舍内，母羊在羊舍附近的草场放牧，中午回羊舍喂一次奶。为了便于"对奶"，可在母、仔体侧编上相同的临时编号，每天母羊放牧归来，必须仔细地对奶。羔羊20日龄后，可随母羊一道放牧。

羔羊1月龄后，逐渐转变为以采食为主，除哺乳、放牧采食外，可补给一定量的草料。1～2月龄每天喂2次，补精饲料150 g；3～4月龄，每天喂2～3次，补精饲料200 g。饲料要多样化，最好有玉米、豆饼、麦麸等3种以上的混合饲料和优质干草，以及苜蓿、刈割牧草等优质饲料。胡萝卜切碎，最好与精饲料混合饲喂羔羊，饲喂甜菜每天不能超过50 g，否则会引起腹泻，继发胃肠病。羊舍内设足够的水槽和盐槽，也可在精饲料中混入0.5%～1.0%的食盐和2.5%～3.0%的矿物质饲喂。

羔羊断奶年龄最多不超过4月龄。羔羊断奶后，既有利于母羊恢复体况、准备配种，也能锻炼羔羊的独立生活能力。羔羊断奶多采用一次性断奶方法，即将母仔分开后，不再合群。母羊在较远处放牧，羔羊留在原羊舍饲养。母仔隔离4～5 d，断奶成功的羔羊按性别、体质强弱分群放牧饲养。如同窝羔羊发育不整齐，也可采用分批断奶的方法。

无奶羔羊的人工喂养及人工乳的配制：人工喂养就是用牛奶、羊奶、奶粉或其他流动液体食物喂养缺奶的羔羊。用牛奶、羊奶喂羊，首先尽量用新鲜奶，鲜奶味道及营养成分较好，病菌及杂质也较少。用奶粉喂羔羊应该先用少量冷水或温开水，把奶粉溶开，然后再加热水，使总加水量达到奶粉量的5～7

倍。羔羊越小，胃容量越小，奶粉兑水的量也应该越少。其他流动液体食物是指豆浆、米汤。对于自制粮食、代乳粉或市售婴幼儿用米粉，在饲喂以前应加少量的食盐及骨粉，有条件的羊场应再加点植物油、鱼肝油、胡萝卜汁及多种维生素、多种微量元素、蛋白质等。

（一）人工喂养的关键技术

人工喂养的关键技术是要做好"定人、定温、定量、定时和注意卫生"几个环节，这样才能把羔羊喂活、喂强壮。哪个环节出差错，都可能导致羔羊生病，特别是胃肠道疾病。即使不发病，羔羊的生长发育也会受到不同程度的影响。因此，从一定意义上讲，人工喂养是下策。

1. 定人　人工喂养中的"定人"，就是自始至终固定一专人喂养，这样可以熟悉羔羊生活习性，掌握吃饱程度，喂奶温度、喂量及食欲上的变化、健康与否等。

2. 定温　"定温"是指羔羊所食的人工乳要掌握好温度。一般冬季喂 1 月龄内的羔羊，应把奶温降到 35～41 ℃，夏季温度可略低。随着羔羊日龄的增长，喂奶的温度可以降低些。没有温度计时，可以把奶瓶贴在脸上或眼皮上，感到不烫也不凉时就可以喂羔了。温度过高，不仅伤害羔羊上皮组织，而且羔羊容易发生便秘；温度过低，羔羊往往容易发生消化不良、腹泻或胀气等。

3. 定量　"定量"是指每次喂量，掌握在"七成饱"的程度，切忌喂得过量。具体给量是按羔羊体重或体格大小来定，一般全天给奶量相当于初生重的 1/5。喂粥或汤时应根据浓稠度进行定量，全天喂量应略低于喂奶量标准，特别是最初喂粥的 2～3 d，先少给，待慢慢适应后再加量。羔羊健康、食欲良好时，每隔 7～8 d 比前期喂量增加 1/4～1/3；如果消化不良，应减少喂量，加大饮水量，并采取一些治疗措施。

4. 定时　"定时"是指羔羊的喂养时间固定，尽可能不变动。初生羔羊每天应喂 6 次。每隔 3～5 h 喂 1 次，夜间睡眠可延长时间或减少次数。10 d 以后每天喂 4～5 次，到羔羊吃草或吃料时可减少到 3～4 次。

5. 注意卫生　喂羔羊奶的人员，在喂奶前应洗净双手。平时不要接触病羊，尽量减少或避免致病因素。出现病羔应及时隔离，由单人分管。由于羔羊的胃肠功能不健全，消化机能尚待完善，最容易"病从口入"，因此羔羊所食的奶类、豆浆、面粥、水源、草料等都应注意卫生。例如，奶类在喂前于62～64 ℃加热 30 min，以杀死大部分病菌；粥类、米汤等在喂前必须煮沸。羔羊的奶瓶应保持清洁、卫生，健康羔与病羔应分开用，喂完奶后随即用温水冲洗干净。如果有奶垢，可用温碱水等冲洗或用瓶刷刷净，然后用净布或塑料布盖好。病羔的奶瓶在喂完后要先用高锰酸钾溶液、来苏儿水、新洁尔灭溶液等消毒，再用温水冲洗干净。

（二）人工乳的配制

对于条件好的羊场或养羊户，可自行配制人工乳，喂 7～45 日龄的羔羊。人工乳的成分为脱脂奶粉 60%、牛奶或脂肪干酪素、乳糖、玉米淀粉、面粉、磷酸钙、食盐和硫酸镁等。每千克饲料的营养成分是：水分 4.5%、粗脂肪24.0%、粗纤维 0.5%、灰分 8.0%、无氮浸出物 39.5%、粗蛋白质 23.5%、维生素 A 5IU、维生素 D10 000IU、维生素 E 30 mg、维生素 K 3 mg、维生素C 70 mg、维生素 B_1 3.5 mg、维生素 B_2 5 mg、维生素 B_6 4 mg、维生素 B_{12}0.02 mg、泛酸 60 mg、烟酸 60 mg、胆碱 1 200 mg、镁 120 mg、锌 20 mg、钴4 mg、铜 24 mg、铁 126 mg、碘 4 mg、蛋氨酸 1 100 mg、赖氨酸 500 mg、杆菌肽锌 80 mg。

二、羔羊编号

为了选种、选配和科学的饲养管理，羔羊需要编号。羔羊出生后 2～3 d，结合初生鉴定，即可进行个体编号。编号的方法主要有耳标法、刺字法和刻耳法等。

（一）耳标法

耳标是固定在羊耳上的标牌。制作耳标的材料有铝片和塑料，根据耳标的形状分为圆形和长方形两种。习惯编号的方法是第一字母表示出生年号，其后为个体号，公羔编单号、母羔编双号。在耳标背面编品种号，如何编号更便于科学饲养管理，由各单位自定。

（二）刺字法

刺字是用特制的刺字钳和"十"字钉进行羊只个体编号。刻字编号时，先将需要编的号码在刺字钳上排列好，在耳内毛较少的部位，用碘酒消毒后，夹住耳加压，刺破耳内皮肤，在刺破的点线状的数字小孔内涂上蓝色或黑色染料，随着染料渗入皮内，而将号码固定在皮肤上，伤口愈合后可见到个体号码。刺字编号的优点是经济、方便；缺点是随着羊耳的长大，字体容易模糊。因此，在刺字后，经过一段时间，需要进行检查．如不清楚则需重刺，此法不适于耳部皮肤有色的羊只。

（三）刻耳法

是指用缺刻钳在羊耳边缘刻缺口，进行编号或标明等级。刻耳法作个体编号，在羊左右两耳的边缘刻出缺口，代表其个体编号。要求对各部位缺口代表的数字都有明确的规定。通常规定，左耳代表的数小，右耳代表的数大。左耳下缘一个缺口为1，两个缺口为2，上缘一个缺口为3，耳尖一个缺口为100，耳中间一个圆孔为400；右耳下缘一个缺口为10，两个缺口为20，上缘一个缺口为30，耳尖一个缺口为200，耳中间一个圆孔为800。刻的缺口不能太浅，否则随着羔羊的生长不易识别。此法的优点是经济、简便、易行；缺点是羊的数量多了不适用，缺口太多容易识错，耳缘外伤也会造成缺口混淆不清。因此，刻耳法常用作种羊鉴定等级的标记。纯种羊以右耳作标记，杂种羊以左耳作标记。在耳的下缘作一个缺口代表一级，两个缺口代表二级，上缘一个缺口代表三级，上、下缘各一个缺口代表四级，耳尖一个缺口代表特级。

第四节　阿勒泰羊育成羊的饲养管理技术

育成羊是指羔羊断乳后到第一次配种的青年羊，多在4～18月龄。羔羊断奶后的5～10个月生长速度很快，一般毛肉兼用和肉毛兼用品种公、母羊增重可达15～20 kg，营养物质需要较多。若此时营养供应不足，则会出现四肢高、体狭窄而浅、体重轻、剪毛量低等问题。育成羊的饲养管理，应按性别单独组群。夏季主要是抓好放牧，安排较好的草场，放牧时控制羊群，放牧距离不能太远。羔羊断奶时，不要同时断料。在冬、春季节，除放牧采食外，还应适当补饲干草、青贮饲料、块根块茎饲料、食盐和饮水。补饲量应根据品种和各地的具体条件而定。

对舍饲阿勒泰羊的养殖而言，为了培育好育成羊，还应注意以下几点：

（1）合理的日粮搭配　精粗饲料搭配应合理，一般精粗比为 4∶6。另外，饲料也要多样化，粗饲料搭配以青干草、青贮饲料、块根块茎及多汁饲料等。同时还要注意矿物质，如钙、磷、食盐和微量元素的补充。育成公羊由于生长发育速度比育成母羊快，因此营养物质需要量多于育成母羊。

（2）合理的饲喂方法和饲养方式　饲料类型对育成羊的体型和生长发育影响很大，优良的干草、充足的运动是培育育成羊的关键。给育成羊饲喂大量而优质的干草，不仅有利于促进消化器官的充分发育，而且培育出的羊体格高大，乳房发育明显，产奶多。充足的阳光照射和充分的运动可使其体壮胸宽，心肺发达，食欲旺盛，采食量多。有优质饲料供应时，就可以少给或不给精饲料，精饲料过多而运动不足，容易造成羊肥胖、早熟早衰、利用年限短。

（3）适时配种　一般育成母羊在满 8～12 月龄、体重达到成年体重的 65％以上时配种。育成母羊发情不如成年母羊明显和有规律，因此要加强发情鉴定，以免漏配。8 月龄前的公羊一般不要采精或配种，需在 12 月龄以后再参与配种。

第五节　阿勒泰羊育肥羊的饲养管理技术

阿勒泰羊以放牧育肥为主要育肥方式，要抓紧夏秋季节牧草茂密、营养价值高的大好时机，充分延长每日有效放牧时间，要尽可能利用夏季高山草场，早出晚归，中午不休息。在秋季，还可将羊群赶入已经收割作物的茬地放牧抓膘。

从放牧转入舍饲的育肥阿勒泰羊，要经过一段时间的过渡期，一般为 3～5 d。在此期间只喂草和饮水，之后逐步加入精饲料，并由少到多。再经过 5～7 d 后，则可加到育肥计划规定的育肥阶段的饲养标准。

在饲喂过程中，应避免过快地变换饲料种类和饲粮类型。用一种饲料代替另一种饲料，一般在 3～5 d 内先替换 1/3，再在 3 d 内替换 2/3，最后全部替换完。用粗饲料替换精饲料时，替换的速度更要慢一点，一般 10 d 左右完成。

供饲喂用的各种青干草和粗饲草要铡短，块根块茎饲料要切片，饲喂时要少喂勤添，精饲料的饲喂每天可分两次投料。用青贮、氨化秸秆饲料喂羊时，喂量由少到多，逐步代替其他牧草，当羊群适应后，每只成年羊每天喂量不应超过下列指标：青贮饲料 2.0～3.0 kg，氨化秸秆 1.0～1.5 kg。凡是腐败、发霉、变质、冰冻及有毒有害的饲草饲料，一律不得饲喂育肥羊。

采取自由饮水的原则，确保育肥羊每天都能喝足清洁的饮水。据初步测算，当气温在 15 ℃左右时，育肥羊每天饮水量为 1.0～1.5 kg；当气温在15～20 ℃时，饮水量为 1.5～2.0 kg；气温在 20 ℃以上时，饮水量接近 3.0 kg。在冬季，不宜给其饮用雪水或冰冻水。

育肥羊的圈应保持清洁、干燥，空气良好，能挡风遮雨，并要定期清扫和消毒；保持圈舍的安静，不能随意惊扰羊群；供饲喂用的草架和饲槽，其长度应与每只羊所占位置的长度和总羊数相符，以免饲喂时羊只拥挤和争食。

经常观察羊群，并定期检查，一旦发现羊只异常，应立即进行隔离和医治。要特别注意对肠毒血症和尿结石的预防，及时注射四联苗可预防肠毒血症的发生。在以谷类饲料为主的日粮中，可将钙的含量提高到 0.5％的水平，或加入 0.25％的氯化钙，避免日粮中钙、磷比例失调，以防尿结石发生。潮湿的圈舍和环境，易使育肥羊患寄生虫病和腐蹄病。因此，在这类圈舍中应该铺垫一些秸秆、木屑或其他吸水性材料。

育肥羊场或养羊合作社（公司），应当建立健全严格的岗位负责制，技术人员、饲养管理人员和农牧公司签订承包合同，实行定额管理，责任到人，赏罚分明，充分调动每个人的积极性。同时，技术人员、农牧工要相对稳定，在育肥期间，一般中途不要调整和更换人员。

（塔里木大学蒋慧和方雷　甘肃农业大学袁玖　编写）

第八章
阿勒泰羊卫生保健与疫病防控

卫生保健与疫病防控虽是两个不同范畴的概念，但却是相关联的系统工程，涉及牧场的方方面面。卫生保健是基础，是前提；疫病防控是保障，是最后的防线。其目的都是保证动物健康成长，产出优质的畜禽产品，使牧场获得最大的经济效益。

第一节　阿勒泰羊卫生保健

阿勒泰羊卫生保健是指在日常饲养管理工作中，使阿勒泰羊能够健康、顺利生长，避免受各种疾病侵袭，最大限度地提高其生产性能。

一、环境

阿勒泰羊产区海拔高度自北向南递降，位于阿尔泰山（1 500～2 500 m）的中山带。此地带气候凉爽，雨量较多，是森林与草场混杂区，牧草产量高、质量好，多属良、中或优等草场，是主要夏牧场。春、秋季牧场位于海拔800～1 000 m 的前山地带及海拔 600～700 m 的山前平原。这些地区夏季炎热、冬季严寒。冬季牧场主要在河谷低地草场、本地区南部的萨乌尔山（海拔 1 000 m 以上）和准噶尔盆地内陀沙丘地带（海拔 50～800 m），多产沙生植物，覆盖较差，不能满足羊只寒冷季节的营养需要。

因此，在春、夏、秋季阿勒泰羊主要采取以放牧为主的饲养方式，同时做好免疫、驱虫等工作，在牧场上防止受到野生动物的伤害。但在寒冷的冬季需要舍饲和补饲，为抵御严寒，建造干燥、清洁、通风、安静的环境很有必要。

二、驱虫与消毒

(一) 驱虫

寄生虫病是一类分布广泛、羊群感染严重、使羊场经济损失巨大的疫病。但由于其具有发病缓和、急性死亡率较低等特点，因此往往不会引起人们的足够重视。生产实践表明，搞好寄生虫病的防治工作，是科研育种和生产能够顺利进行的重要保证。

阿勒泰羊多以放牧为主，是许多寄生虫的中间宿主和终末宿主，而草原又是许多寄生虫生长发育的产卵宿地。在放牧过程中，羊采食了被寄生虫虫卵污染的牧草和饮水后容易得体内外寄生虫病。目前，对绵羊危害的寄生虫主要有：蜱传染性血液原虫病、肝片吸虫病、反刍兽绦虫病、棘球蚴、多头蚴、细颈囊尾蚴、牛羊消化道线虫、新孢子虫、痒螨、疥螨、羊狂蝇、蠕形蚤、虱等。绵羊感染寄生虫后，会造成大量死亡和不必要的经济损失。

驱虫时机根据寄生虫病季节动态调查确定，一般每年全群羊进行春、秋两次驱虫。春季驱虫在 3—4 月，防止春季寄生虫高潮出现；秋季在 9—10 月再普遍驱虫一次，以利于羊的抓膘和安全越冬。在寄生虫病流行严重的地区，可在夏季 6—7 月增加一次驱虫。

1. 驱虫方法　驱虫方法有 3 种，分体内驱虫、体外驱虫及体内外驱虫。体内驱虫主要是通过口服或肌内注射药物驱除羊体内的胃肠道蠕虫（线虫、绦虫及吸虫）；体外驱虫主要是通过涂擦药物及注射药物的方法来防治体表的螨、蜱、虱等；体内外驱虫主要是利用肌内注射药物防治体内外寄生虫，是目前最常用的驱虫方法。

2. 常用驱虫药物　为了获得最佳的驱虫效果，在药物选择和应用上应遵循广谱、高效、低毒的原则。阿勒泰羊驱虫药物主要有阿苯达唑、伊维菌素、阿维菌素、吡喹酮、碘硝酚、杀虫脒、辛硫磷乳油、敌百虫、30%烯虫磷乳油等；药浴主要使用螨净、辛硫磷、克辽林、菊酯类和林丹等。

（1）阿苯达唑（肠虫净、抗蠕敏）　为体内蠕虫广谱驱虫药，可驱除体内线虫、绦虫、吸虫，主要用于羊群的春季驱虫。成年羊 10～12 片/只，育成羊 5～6 片/只，内服。

（2）伊维菌素（伊力佳）　为广谱体内外驱虫药，可驱除体内线虫及体外虱、疥癣、痒螨等，是目前最常用的一种驱虫药，对孕羊比较安全、可靠，广泛用于春、秋两季的驱虫，每只羊 0.02 mL/kg（以体重计）皮下注射。目前该药在市场有多种商品名称，如大地维新片、三马先锋等，其主要成分是伊维菌素。

（3）阿维菌素　为广谱抗虫药物，市场上有害获灭、虫克星、阿福丁、阿力佳等商品名。具有高效、低毒、安全等特点，对绝大多数线虫、体外寄生虫及其他节肢动物都有很强的驱杀效果（虫卵无效）。主要用于春、秋季驱虫，每只羊 0.02 mL/kg（以体重计）皮下注射，切勿肌内注射、静脉注射，用药方法及效果基本同伊维菌素。

（4）吡喹酮　可驱除脑包虫及多种寄生虫，40～80 mg/kg（以体重计），一次口服，连用 3～5 日。

（5）碘硝酚　为体内外寄生虫药物，可有效驱除体内线虫及体外虱、疥癣等，是最常用的一种驱虫药，对孕羊比较安全、可靠，每只羊 0.05 mL/kg（以体重计）皮下注射。

（6）杀虫脒　配制成 0.1%～0.2% 的水溶液使用。

（7）辛硫磷乳油　是一种低毒、高效药浴药剂，有效浓度为 0.05%，按 100 kg 水加 50 g 配制。

（8）敌百虫　药浴时纯敌百虫粉 1 kg 加水 200 L，即配制成 0.5% 的药液。

（9）30% 烯虫磷乳油　药浴时按 1∶1 500 倍稀释，即 1kg 药液加水 1 500 kg。

（二）消毒

消毒是综合性防治措施的重要环节，要有目的地选择消毒剂，科学计算消毒剂量，按科学程序实施消毒。

1. 消毒目的　按消毒目的可以分为以下 3 种情况。

（1）预防性消毒　结合平时的饲养管理对圈舍、场地、用具和饮水等进行定期消毒，以达到预防传染病的目的。此类消毒一般每 1～3 d 进行一次，每 1～2 周还要进行一次大面积消毒。

（2）临时消毒　在发生传染病时，为了及时消灭刚从传染源排出的病原体而采取的消毒措施属临时消毒。消毒的对象包括患病羊只所在的圈舍、隔离场地，以及被患病羊只分泌物、排泄物污染和可能污染的一切场所、用具和物品。通常在解除封锁前，进行定期的多次消毒，患病羊只隔离舍应每天消毒 2

次以上或随时进行消毒。

（3）终末消毒　在患病羊只解除隔离、痊愈或死亡后，或者在疫区解除封锁之前，为了消灭疫区内可能残留的病原体所进行的全面、彻底的大消毒属终末消毒。

2. 消毒方法　不同的方法适于不同的消毒目的和消毒对象，在实际工作中应根据具体情况选择最佳消毒方法。下面介绍防疫工作中比较常用的一些消毒方法。

（1）机械性清除　指用机械的方法，如清扫、洗刷、通风等清除病原体，是最普通、最常用的方法。例如，圈舍地面的清扫和洗刷、羊体被毛的洗刷等，可以去掉粪便、垫草、饲草残渣及羊体表的污物，同时清除大量病原体。

通风也具有消毒的意义，它虽不能杀灭病原体，但可在短期内使舍内空气得到交换，减少病原体的数量。通风的方法很多，如利用窗户或气窗换气、机械通风等。通风时间视温差大小可适当掌握，一般不少于 30 min。

（2）紫外线消毒　紫外线有较强的杀菌能力，阳光的灼烧和蒸发水分引起的干燥亦有杀菌作用。一般病毒和非芽孢性病原菌，在阳光的直射下几分钟至几小时可被杀死。但阳光的消毒能力取决于很多条件，如季节、时间、天气等。因此利用阳光消毒要灵活掌握，并配合使用其他方法。在实际工作中很多场合用紫外线来进行人和物品表面及空气消毒。革兰氏阴性细菌对紫外线消毒最为敏感，革兰氏阳性菌次之。但紫外线消毒对细菌芽孢无效。一些病毒也对紫外线敏感。紫外线的消毒效果受很多因素的影响，如照射距离、被消毒物品表面的光滑度和洁净度、空气的洁净度、有无玻璃或其他物品遮挡等。紫外线对人的皮肤、黏膜有一定的损害，因此不能用裸眼直视紫外线灯，人员消毒时不能超过 15 min。灯管消毒每 $1.5 \sim 2$ m 处为消毒有效范围。除人员外，其他消毒对象的消毒时间为 $0.5 \sim 2$ h。房舍消毒每 $10 \sim 15$ m^2 面积可设 30 W 灯管 1 个，最好每照 2 h 间歇 1 h 再照，以免臭氧浓度过高。当空气相对湿度为 $45\% \sim 60\%$ 时，照射 3 h 可杀灭 $80\% \sim 90\%$ 的病原体。若灯下装一台小吹风机，则能增强消毒效能。

（3）高温消毒　此法是较彻底的消毒方法之一，包括火焰烧灼和烘烤、煮沸消毒和蒸汽消毒。火焰烧灼和烘烤是简单而有效的常用消毒方法，但使用范围有限，仅用于地面、墙壁、金属圈栏和用具的消毒，严重传染病（如炭疽等）患病动物粪便、饲料残渣、垫草、污染的垃圾和病尸处理。煮沸消毒是经常应用的方法。大部分非芽孢病原微生物在 100 ℃的沸水中能迅速死亡，各种金属、木质、玻璃用具、衣物等都可以进行煮沸消毒。将耐煮污染物品浸入含水容器内，加少许碱类物质（如 2%苏打水或氢氧化钠溶液）等，可使蛋白质、脂肪溶解，防止金属生锈，提高沸点，增强消毒作用。蒸汽消毒是指相对湿度在80%～100%的热空气能携带许多热量，遇到消毒物品凝结成水，放出大量热能，因而能达到消毒的目的。这种消毒法与煮沸消毒的效果相似。在农村一般利用铁锅和蒸笼进行此类消毒。在一些交通检疫站，可设立专门的蒸汽锅炉或利用蒸汽机车和轮船的蒸汽对运输的车皮、船舱、包装工具等进行消毒。如果蒸汽和化学药品（如甲醛等）并用，则杀菌能力可以加强。高压蒸汽消毒在实验室和死尸化制站应用较多。

（4）化学消毒法　化学消毒法也是兽医防疫站中最常用的消毒方法之一，其消毒的效果受许多因素影响，如病原体的特点、所处环境的情况和性质、消毒时的温度、药剂的浓度、作用时间的长短等。在选择化学消毒剂时应考虑对该病原体的消毒力强、对人和动物毒性小、不损害消毒的物体、易溶于水、在消毒的环境中比较稳定、不易失去消毒效果、价廉易得和使用方便等因素。化学消毒剂的品种很多，可根据不同需要选择。

（5）生物消毒法　生物消毒法主要用于污染的粪便、垃圾等的无害化处理。在粪便堆沤过程中，利用粪便中的微生物发酵产热，可使温度高达 70 ℃以上。经过一段时间，可以杀死病原体（芽孢除外）、寄生虫虫卵等而达到消毒的目的，同时又保持了粪便的良好肥效。在发生一般疫病时，这是一种很好的消毒方法。但这种方法不适用于产芽孢病菌所致疫病（如炭疽等）的粪便消毒，这种粪便最好予以焚毁。

3. 阿勒泰羊产区羊场消毒方法　消毒的目的是消灭传染源及散播于外界环境中的病原微生物，切断传播途径，阻止疫病继续蔓延。羊场应建立切实可行的消毒制度，定期对羊舍地面、粪便、污水、皮毛等进行消毒。

（1）羊舍　一般分两个步骤进行：第一步先进行机械清扫；第二步用消毒液。羊舍及运动场应每周消毒一次，整个羊舍用 2%～4%氢氧化钠溶液消毒或用 1∶（1 800～3 000）的百毒杀带羊消毒。

（2）入场　羊场应设有消毒室，室内两侧、顶壁设紫外线灯，地面设消毒池，用麻袋片或草垫浸 4%氢氧化钠溶液，入场人员要换鞋，穿专用工作服，做好登记。场大门设消毒池，经常喷 4%氢氧化钠溶液或 3%过氧乙酸等。消毒方法是将消毒液盛于喷雾器，喷洒天花板、墙壁、地面，然后再开门窗通风，用清水刷洗饲槽、用具，去除消毒药味。如羊舍有密闭条件，则舍内无羊时可关闭门窗，用福尔马林溶液熏蒸消毒 12～24 h，然后开窗通风 24 h，福尔马林溶液的用量为每立方米 25～50 mL，加等量水，加热蒸发。一般情况下，羊舍消毒每周 1 次，每年再进行 2 次大消毒。产房的消毒，在产羔前进行 1 次，产羔高峰时进行多次，产羔结束后再进行 1 次。在病羊舍、隔离舍的出入口处应放置浸有 4%氢氧化钠溶液的麻袋片或草垫，以免病原扩散。

（3）地面　土壤表面可用 10%漂白粉溶液、4%福尔马林溶液或 10%氢氧化钠溶液消毒。停放过芽孢杆菌所致传染病（如炭疽）病羊尸体的场所，应严格加以消毒。首先用上述漂白粉溶液喷洒地面，然后将表层土壤掘起 30 cm 左右，撒上干漂白粉后与土混合，并将此表土妥善运出掩埋。

（4）粪便　羊的粪便消毒方法有多种，最实用的方法是生物热消毒法，即在距羊场 100～200 m 以外的地方设一堆粪场，将羊粪堆积起来，喷少量水，上面覆盖湿泥封严，堆放发酵 30 d 以上，即可作肥料。

（5）污水　最常用的方法是将污水引入处理池，加入化学药品（如漂白粉或其他氯制剂）进行消毒，用量视污水量而定，一般 1 L 污水用 2～5 g 漂白粉。

第二节　阿勒泰羊常见寄生虫病的诊治

一、羊疥癣（螨）病

该病是由疥螨科和痒螨科的螨类寄生于阿勒泰羊的体表或表皮所引起的慢性皮肤病，以接触感染、能引起患羊发生剧烈的痒感及各种类型的皮肤炎为特征。本病流行特点主要是由于健康羊直接接触病羊或者通过被病原污染的羊舍、墙壁、用具等间接接触而引起，多发生于秋、冬季节。幼羊往往易患羊螨病，发现时已较严重。饲养管理不当、卫生制度执行不严、羊舍内阴暗潮湿及拥挤等也是螨病蔓延的重要因素。

【症状】疥螨病多开始发生于羊的嘴唇、口角周围、鼻边缘及耳朵根部，严重时会蔓延整个头部、颈部皮肤，使这些部位的皮肤病变为干枯的灰白色。初期有痒感，然后会出现丘疹、水疱和脓疮，以后会形成坚硬的痂皮，病变部位往往发生龟裂，常被污染而化脓。病变扩散到眼睑时，会发生肿胀、怕明、流泪，甚至会导致失明。痒螨病多发生在长毛的部位，开始仅出现在背部或臀部，以后很快蔓延到体侧。病初羊奇痒，患部皮肤最初生成针头大至粟粒大的结节，继而形成水疱和脓疱。渗出液增多，最后结成浅黄色脂肪样的痂皮。患羊体上的毛成束并脱落，甚至全身脱毛，并出现贫血症状。

【防治】①加强检疫工作，对新引入的羊进行隔离检查后再混群。②经常保持圈舍卫生，保持羊舍干燥和通风良好，并定期对羊舍和用具进行清扫和消毒。③对怀疑有该病的羊只进行隔离饲养、治疗。④涂药治疗，适用于病羊数量少、患部面积小的情况，并可在任何季节使用。涂药可用5%敌百虫溶液，即来苏儿水5份，溶于100份温水中，再加入5份敌百虫。⑤药浴适用于病羊较多且气候温暖的季节，可选用0.5%～1%敌百虫溶液、0.05%蝇毒磷乳剂水溶液或0.05%辛硫磷乳油水溶液。

二、羊鼻蝇蛆病

该病是由羊鼻蝇的幼虫寄生在羊的鼻腔所引起的疾病，主要危害绵羊。羊鼻蝇的成虫直接产出幼虫，幼虫经蛹变为成虫。羊鼻蝇成虫每年5—9月出现。雌雄交配后，雄蝇死亡，雌蝇栖息，待体内幼虫发育后才飞翔活动，在羊鼻孔内产蛆滋生幼虫。第一期幼虫附在羊鼻腔黏膜上，并逐渐向鼻内移行，至鼻腔、额窦内蜕化变为第二期幼虫；第二期幼虫到第2年春天发育为成熟的第三期幼虫。幼虫的活动刺激羊打喷嚏，此时成熟的幼虫就被喷出落到地面，然后钻入土壤或粪内，在其中变成蛹，经过1～2个月的蛹期后，再羽化为成虫。

【症状】病羊骚动不安，摇头，喷鼻，低头，鼻黏膜肿胀、出血、发炎，运动失调，转圈，扭头，最后食欲废绝，因衰竭而死亡。

【防治】用40%的敌敌畏乳剂气雾熏杀幼虫，室内每立方米空间用药1 mL。在烧热的铁锨或铁器上泼敌敌畏乳剂，待浓烟冒起后让病羊吸10～15 min；夏、秋季节用3%的来苏儿溶液喷射病羊鼻孔；用碘醚柳胺按60 mg（以体重计）的量一次口服；用0.1%的畜卫佳0.3 g/kg（以体重计）拌在饲料中一次喂羊。在羊鼻蝇流行季节，给羊鼻孔周围涂敌百虫油膏（用2%的精制敌百虫，拌废机油或其他油剂、油膏制成）。

三、羊毛虱病

是由毛虱侵袭羊体后，造成皮肤局部损伤、水肿、肥厚，甚至进一步造成细菌感染，引起化脓、肿胀和发炎等。幼虱大量侵袭羊体后，可形成羊的恶性贫血。同时，毛虱可传播炭疽芽孢杆菌、立克次氏体等多种病原体。

【症状】虱子分泌的有毒唾液，刺激皮肤的神经末梢后能引起发痒，羊通过啃咬或摩擦而损伤皮肤。虱大量聚集，可使皮肤发生炎症、脱皮或脱毛，尤其是毛虱可折断羊绒，对羊绒质量造成严重影响。由于受到虱的长期骚扰，因此病羊烦乱不安，采食和休息受到影响，以至于逐渐消瘦、贫血。幼羊发育不良，产奶羊泌乳量显著下降。羊体虚弱，抵抗力降低，严重者可引起死亡。

【诊断】在羊毛上可发现毛虱虫体。

【防治】①消灭圈舍环境中的毛虱，先用 1‰马拉硫磷、0.2%辛硫磷、0.2%杀螟松、0.25%倍硫磷、0.2%害虫敌等乳剂喷涂圈舍，再用水泥、石灰或黄泥堵塞毛虱藏匿的缝隙。②消灭畜体上的毛虱，用伊维菌素 0.01～0.02 mL/kg皮下注射（3 月龄以上羔羊，以体重计）。③药浴治疗时，用 0.5%敌百虫水溶液、20%蝇毒磷、0.1%辛硫磷或 0.05%毒死虱池浴、喷雾。浴前 2 h让羊充分饮水，停喂草料，先用品质差的羊只试浴，无毒后方可对其他羊进行药浴。④涂药治疗时，可用 3%马拉硫磷、5%西维因等粉剂涂擦羊的体表。在毛虱病的流行季节，每隔 7～10 d处理一次，用量一般为30 g/只。

四、羊泰勒虫病

是由泰勒科泰勒属的各种焦虫寄生于牛、羊和其他动物引起的疾病。虫体进入家畜体内后，先侵入网状内皮系统的细胞中，形成石榴体，其后进入红细胞内寄生，从而破坏红细胞，引起各种临床症状和病理变化。羊泰勒虫病的传播者为长角血蜱，血蜱多寄生在灌木丛及草叶中，当羊采食、路过时，爬满羊体，叮在皮肤上吸血。羔羊对本病最为易感，尤以 2～6 月龄最为多见，死亡率高达 90%～100%。

【症状】病羊精神沉郁，食欲减退，反刍迟缓；体温升高至 40～42 ℃，呈稽留热；呼吸急迫，脉搏加快，出现不同程度的流涎；鼻发鼾声；便秘或腹泻；四肢僵硬，喜卧地；眼结膜初充血，继而苍白，并有轻度黄疸，迅速消瘦；体表淋巴结肿大，肩前淋巴结肿大尤为显著，有核桃至鸭蛋大小，触之有痛感。

【诊断】在蜱活动的季节阿勒泰羊易发病。病羊临床表现为贫血、消瘦、高热稽留、结膜黄染；胆囊肿大，胆汁浸润；淋巴结肿大，切面有黑灰色液体；血液涂片有羊泰勒虫。临床上用贝尼尔治疗有特效时，即可诊断为羊泰勒虫病。

【防治】加强饲养管理，改善卫生条件，羊舍及周围场区用"鼎碘消毒液"进行消毒，1 次/d，连用 3～5 d，保持环境安静，以减少应激反应；对发病绵羊用"血虫 120"0.1～0.2 mL/kg 肌内注射（以体重计），1 次/d，连用 3 d。同时，在饮水中加入维生素 C、电解质、口服补液盐等，以减少应激，补充营养。做好羊体外寄生虫的防治工作，每月用 1% 的敌百虫喷洒以消灭体外寄生虫。绵羊环形泰勒焦虫是一种经由残缘璃眼蜱传播的血液原虫，因此应重视灭蜱工作。春季第一次在羊体上发现蜱时，用粉状"杀蜱散"撒在羊体上，夏季可用 1%～2% 的敌百虫溶液喷洒在羊体和羊舍内外进行杀虫。

五、羊肝片吸虫病

是肝片吸虫、大片吸虫寄生于羊的肝脏、胆管内引起的慢性或急性肝炎、胆管炎，同时伴发全身中毒现象及营养障碍等病症的寄生虫病。肝片吸虫成虫在胆管内产生的虫卵随胆汁进入消化道，并随粪便排出体外。虫卵在适宜条件下经 10～25 d 孵化出毛蚴，毛蚴遇到中间宿主椎实螺后侵入其体内，经过几个发育阶段最后形成尾蚴。尾蚴自螺体逸出附着于水生植物或水面上形成囊蚴，羊吃草或饮水时吞食囊蚴而感染该病。每年的春季、夏末、秋初发生本病。

【症状】病羊精神沉郁，食欲不佳；可视黏膜极度苍白，黄疸，贫血，逐渐消瘦；被毛粗乱，毛干易断；肋骨突出；眼睑、下颌、胸腹下部水肿。放牧时有的病羊吃土，便秘与腹泻交替发生，排出黑褐色稀粪，有时粪便带血。病情严重的，一般经 1～2 个月后死亡；病情较轻的，拖延到次年天气回暖、饲料改善后逐渐康复。

【诊断】对肝片吸虫病的诊断可从临床症状、流行病学、剖检变化及粪便检查等几方面综合判断。将新鲜粪便 5～10 g，用尼龙筛淘洗法或反复沉淀法检出肝片吸虫卵。虫卵呈长卵圆形，金黄色，大小为（66～82）$\mu m \times$（116～132）μm。

【防治】每年春、秋两次进行驱虫。粪便要堆积发酵后再使用，以杀灭虫卵。消灭该病的中间宿主椎实螺，并尽量不到沼泽、低洼地区放牧。进行药物治疗时最理想的驱虫药物是硝氯酚，3～5 mg/kg（以体重计），空腹 1 次灌服，每天 1 次，连用 3 d。用阿苯达唑，5～15 mg/kg（以体重计），1 次灌服；或者是皮下注射 20%碘硝酸，0.5 mL/kg（以体重计）。

六、羊消化道线虫病

该病是由寄生于羊消化道内的各种线虫引起的，分布广泛，是阿勒泰羊重要的寄生虫病之一，给养羊业可造成严重的经济损失。其特征是患羊消瘦、贫血、胃肠炎、下痢、水肿等，严重感染时可引起死亡。羊消化道线虫种类很多，常见的线虫有捻转血矛线虫、仰口线虫、食道口线虫和毛首线虫等，它们可引起不同程度的胃肠炎和消化机能障碍。各种线虫的卵随粪便排出体外，羊在吃草或饮水时食入虫卵或幼虫后而发病。

【症状】病羊主要表现为消化功能紊乱、腹泻、眼结膜苍白等，严重感染时可出现不同程度的贫血、消瘦、下颌间隙及颈胸部水肿，羊体发育受阻。少数病例体温升高，呼吸、脉搏频数、心音减弱，最后衰竭死亡。

【诊断】羊消化道线虫病病原种类较多，在临床上引起的症状大多无特征性，仅有程度上的不同。虫卵检查除毛首线虫、细颈线虫、仰口线虫、古柏线虫等有特征可以区别外，其他线虫种类不易辨认，唯有根据本病流行情况、病羊症状、病死羊剖检结果作综合判断。粪便虫卵计数法只能了解本病的感染强度，作为防治的依据。在条件许可的情况下，可进行粪便培养，检查第三期幼虫。

【防治】加强饲养管理，注意饮水卫生，每年春、秋季两次驱虫，粪便作发酵处理。阿苯达唑，5～10 mg/kg（以体重计），口服；左旋咪唑，5～10 mg/kg（以体重计），混饲喂服或肌内注射；伊维菌素，0.1 mg/kg（以体重计），口服；0.1～0.2 mg/kg（以体重计），皮下注射，效果极好。

七、羊肺线虫病

该病是由网尾科网尾属和原圆科原圆属及缪勒属的线虫寄生于羊呼吸器官而引起的疾病。网尾科的虫体较大，引起的疾病又叫大型肺线虫病。原圆科的虫体较小，引起的疾病又叫小型肺线虫病。

【症状】感染该病后，首先个别羊发生干咳，继而成群羊咳嗽，运动时和夜间咳嗽更为明显，且呼吸声亦明显粗重。羊在频繁而痛苦的咳嗽中，常咳出含有成虫、幼虫及虫卵的黏液团块，咳嗽时伴发啰音和呼吸窘迫。鼻孔中排出的黏稠分泌物，干涸后形成鼻痂，从而使病羊呼吸更加困难。病羊常打喷嚏，逐渐消瘦，贫血，头、胸及四肢水肿，被毛粗乱。

【诊断】采集病羊的粪便用漂浮法集虫镜检，发现有少量虫卵和幼虫；采集病羊咳出的带血丝的黏液压片镜检，发现有大量幼虫。肺呈灰白色，有不同程度的肺气肿，虫体寄生部位的肺表面稍隆起，切开可见虫体。

【防治】该病流行区内，每年应对羊群进行1～2次的普遍驱虫，并及时对病羊进行治疗。驱虫治疗期将粪便进行生物热处理。有条件的地区，可实行轮牧，避免在低湿的沼泽地区牧羊。冬季应适当补饲，补饲期间每隔1 d可在饲料中加入硫化二苯胺，按成年羊1.0 g/只、羔羊0.5 g/只剂量，让羊自由采食，能大大减少受病原感染的概率。

八、羊绦虫病

该病是由莫尼茨绦虫、曲子宫绦虫和无卵黄腺绦虫寄生于羊小肠中而引起的，常是这几种绦虫混合感染。

【症状】感染绦虫的病羊一般表现为食欲减退、饮水增加、精神不振、虚弱、发育迟滞。病情严重时，病羊出现下痢，粪便中混有成熟的绦虫节片。病羊迅速消瘦、贫血；有的病羊出现痉挛或头部后仰的神经症状；有的病羊因成团的虫体引起肠阻塞而产生腹痛甚至发生肠破裂。发病末期，病羊常因衰弱而卧地不起，多将头转向后方，有咀嚼运动，口周围有许多泡沫，最后死亡。

【诊断】病羊一般可表现为食欲减退，出现贫血与水肿；羔羊腹泻时，粪中混有虫体节片，有时还可见虫体的一段悬在肛门处。剖检死羊可在小肠中发现数量不等的虫体。对因绦虫未成熟而无节片排出的患羊可进行诊断性驱虫，如发现排出虫体或症状明显好转即可作出诊断。

【防治】驱虫后的羊其粪便要及时、集中堆积发酵，以杀死虫卵；经过驱虫的羊群，不要到原地放牧，要及时转移到安全牧场，并要做到定期驱虫。治疗时，阿苯达唑按10～16 mg/kg（以体重计），一次内服；吡喹酮按5～10 mg/kg（以体重计），一次内服；甲苯咪唑按20 mg/kg（以体重计），一次内服。

九、羊球虫病

该病是由艾美科艾美耳属的球虫寄生于羊肠道所引起的一种原虫病，发病羊只呈现下痢、消瘦、贫血、发育不良等症状，严重者可死亡。本病主要危害羔羊。

【症状】潜伏期为 11～17 d。本病可能依感染的种类、感染强度、羊只的年龄、羊只的抵抗力及饲养管理条件等不同而发生急性或慢性过程。急性经过的病程为 2～7 d，慢性经过的病程可长达数周。病羊精神不振，食欲减退或消失，体重下降，可视黏膜苍白，腹泻，粪便中常含有大量卵囊。体温上升到 40～41 ℃，严重者可导致死亡，死亡率常达 10%～25%，有时可达 80% 以上。初期病羊排不成形的软便，但精神、食欲正常。3～5 d 后出现下痢，粪便由粥样到水样，呈黄褐色或黑色，混有黏液、血液及大量的球虫卵囊。病羊食欲减退或废绝，渴欲增加；随之精神委顿，被毛粗乱，迅速消瘦，可视黏膜苍白，体温正常或稍高。急性经过 1 周左右，慢性病程长达数周，严重感染的最后衰竭而死，耐过的则长期生长发育不良。成年山羊多为隐性感染，临床上无异常表现。

【诊断】根据临床症状和常规粪便检查可对本病作出初步诊断。确诊必须通过剖检，观察到球虫性的病理变化，在病变组织中检查到各发育阶段的虫体。另外，在粪便中只有少量卵囊，羊无任何症状的则可能是隐性感染。生前诊断必须查到大量球虫卵囊，并伴有相应的临床症状，才能诊断为球虫病。

【防治】较好的饲养管理条件可大大降低羊感染球虫病的发病率，圈舍应保持清洁和干燥，饮水和饲料要卫生，注意尽量减少各种应激因素。放牧的羊群应定期更换草场，由于成年羊常常是球虫病的病源，因此最好能将羔羊和成年羊分开饲养。药物治疗，氨丙啉，50 mg/kg（以体重计），每日 1 次，连服 4 d；氯苯胍，20 mg/kg（以体重计），每日 1 次，连服 7 d；磺胺二甲基嘧啶或磺胺-6-甲氧嘧啶，100 mg/kg（以体重计），每日 1 次，连用 3～4 d；盐霉素，0.33～1.0 mg/kg（以体重计）混饲，每日 1 次，连喂 2～3 d。急性病例用磺胺二甲基嘧啶，50～100 mg/kg（以体重计），每日 1 次，服用 4～5 d。

第三节　阿勒泰羊免疫

免疫接种是激发羊体产生特异性抵抗力，使其对某种传染病从易感转化为不易感的一种手段。有组织、有计划地进行免疫接种，建立合理的防疫制度，制定科学的免疫程序，是预防和控制羊传染病的重要措施。阿勒泰羊要重点免疫接种的传染病有：羊口蹄疫、炭疽、羊痘、传染性胸膜肺炎、布鲁氏菌病、羊快疫、羊猝狙、羊肠毒血症、羔羊痢疾、羊黑疫和大肠埃希氏菌病等。每年在产羔季节，对羔羊进行大肠埃希氏菌苗、羔羊痢疾和传染性胸膜肺炎疫苗接种，在3月初对绵羊进行羊痘冻干苗、四联苗或五联苗预防接种，6月底用布鲁氏菌弱毒5号苗、炭疽Ⅱ号芽孢苗接种，秋季再进行一次四联苗或五联苗预防接种，并且定时进行口蹄疫弱毒苗接种等。正常情况下，按年度防疫方案进行预防接种，免疫程序根据本地及邻近地区疫情拟定，以防传染病的发生和流行。阿勒泰羊主要传染病的免疫程序见表8-1。

表8-1　阿勒泰羊主要传染病的免疫程序

疫苗名称	疫病种类	免疫时间	免疫剂量	注射部位
羔羊痢疾氢氧化铝菌苗	羔羊痢疾	怀孕母羊分娩前20～30 d和10～20 d各1次	分别为每只2 mL和3 mL	两后腿内侧皮下注射
羊四联苗或羊五联苗	羊快疫、羊猝狙、羊肠毒血症、羔羊痢疾、羊黑疫	每年2月底3月初和9月下旬两次防疫	不论大小均5 mL	皮下注射或肌内注射
羊痘弱毒疫苗	羊痘	每年3—4月	不论大小均0.5 mL	皮下注射
破伤风类毒素	破伤风	产前和羔羊阉割前1个月或受伤时	0.5 mL	颈部皮下注射
Ⅱ号炭疽菌苗	羊炭疽病	每年3月	不论大小均1 mL	皮下注射
布鲁氏菌弱毒5号苗	布鲁氏菌病	不定时	不论大小均1 mL	皮下注射
羔羊大肠埃希氏菌疫苗	大肠埃希氏菌病	不定时	3月龄以下均1 mL 3月龄以上2 mL	皮下注射
羊口蹄疫疫苗	羊口蹄疫	每年3月和9月	4月龄至2岁1 mL 2岁以上2 mL	肌内注射

（续）

疫苗名称	疫病种类	免疫时间	免疫剂量	注射部位
口疮弱毒细胞冻干苗	羊口疮	每年3月和9月	不论大小均0.2 mL	口腔黏膜注射
羊传染性胸膜肺炎疫苗	传染性胸膜肺炎	不定期	6月龄以下3 mL 6月龄以上5 mL	皮下注射或肌内注射
羊链球菌氢氧化铝菌苗	羊链球菌病	每年3月和9月	6月龄以下3 mL 6月龄以上5 mL	背部皮下注射
牛羊伪狂犬灭活苗	羊伪狂犬病	每年3月和9月	6月龄以上5 mL 6月龄以下3 mL	背部皮下注射

第四节　阿勒泰羊主要传染病的防控

传染病能引起阿勒泰羊发病，甚至死亡，给养殖户造成巨大的经济损失。对阿勒泰羊传染病的防治要始终坚持"预防为主，养防结合，检免结合，防重于治"的原则。

一、防治措施

1. 加强饲养管理，搞好环境卫生，坚持自繁自养的原则　这方面除同寄生虫防治措施外，还要对死羊的尸体、内脏、流产的胎儿、产羔中的胎衣等易于病菌生长、繁殖的异物进行定点消毒处理。

2. 加强检疫，及时处理　每年按不同的季节组织科技工作者和兽医检疫人员定期对布鲁氏菌病、炭疽等进行检查和检疫，发现阳性或可疑羊只要严格按有关制度进行处理。对引进的种羊要隔离检疫1个月，确认健康无病方可混群。在隔离检疫期间，应对几种主要传染病进行预防接种，以提高种羊的特异性抵抗力。

3. 建立合理的防疫制度，制定科学的免疫程序，做好预防接种　根据各地实际情况，对各个阶段的阿勒泰羊进行接种等，以防传染病的发生和流行。

4. 有目的地进行药物防治　例如，为了防治羔羊大肠埃希氏菌病和羔痢，在羔羊出生后24 h内用菌必治或环丙沙星类药物，青霉素、链霉素或卡那霉素等进行灌服预防，连用 3 d，效果很好。

5. 加强消毒　消毒是综合性防治措施的重要环节。要有目的地选择消毒剂，科学计算消毒剂量，按科学程序实施消毒。例如，在羊只进入冬圈前、春季产羔前和产羔中用生石灰、强力消毒灵、氢氧化钠溶液、复合酚消毒剂等消毒药物进行彻底消毒。同时，对初生羔羊脐带用碘酒严格消毒，防止病菌进入体内。

6. 发生传染病立即采取有效措施就地扑灭　发生传染病要采取全面的综合性防疫措施，以最短的时间、用最少的人力物力迅速就地扑灭。一是怀疑发生传染病时，要立即上报有关部门，并通知邻近地区和有关单位注意预防。二是要采用综合的诊断方法进行确诊。三是隔离病羊，封锁疫源地。四是对疫区和受威胁区尚未发病的易感羊只进行应急性免疫接种，建立免疫带。五是要对病羊进行治疗和淘汰，治疗必须在严格隔离的条件下进行，同时应在加强护理、增强机体抗御能力的基础上采用对症治疗和病因治疗。六是要做好消毒、杀虫、灭鼠工作，对被病羊污染的草原、场地、饮水、器具等要严格消毒。

二、主要传染病的诊治

（一）口蹄疫

俗名"口疮""辟癀"，是由口蹄疫病毒引起的偶蹄动物的一种急性、热性、高度接触性传染病。主要侵害偶蹄兽，偶见于人和其他动物。其临床特征为口腔黏膜、蹄部和乳房皮肤发生水疱。

【流行病学】自然条件下口蹄疫病毒可感染多种动物，以偶蹄兽类为主。幼龄动物易感性大于老龄动物。人对本病也有易感性，多发生于流行期间与患病动物密切接触或短期内感染大量病毒所致，表现为发热，口腔、手背、指间和趾间发生水疱。儿童、老人及免疫功能低下者发病较重，成年人一般呈良性经过。

本病具有流行速度快、传播范围广、发病急、危害大等流行病学特点，疫区发病率可达 50%～100%，犊牛死亡率较高，其他则较低。病羊和潜伏期羊是最危险的传染源。病羊的水疱液、乳汁、尿液、涎液、泪液和粪便中均含有病毒。该病入侵途径主要是消化道，也可经呼吸道传染。本病传播无明显的季节性，但以春、秋两季较多，尤其是春季。风和鸟类也是远距离传播的因素之一。

【临床症状】该病潜伏期 1～7 d，平均 2～4 d。病羊精神沉郁，闭口，流涎，张口时有吸吮声，体温可升高到 40～41 ℃。发病 1～2 d 后，病羊齿龈、舌面、唇内面可见蚕豆到核桃大的水疱，涎液增多并呈白色泡沫状挂于嘴边。采食及反刍停止。约经一昼夜水疱破裂，形成溃疡，这时病羊体温会逐渐降至正常。在口腔发生水疱的同时或稍后，趾间及蹄冠的柔软皮肤上也发生水疱，水疱破溃后逐渐愈合。有时在乳头皮肤上也可见到水疱。本病一般呈良性经过，经 1～2 周病羊即可痊愈，若蹄部和乳房部位有病变则可延至 2～3 周或更久。死亡率一般不超过 2%。发病羔羊可表现为恶性口蹄疫，因心肌炎、出血性胃肠炎而死亡，病死率高达 50%。

【病理变化】病羊除口腔和蹄部有病变外，还可见到食道和瘤胃黏膜有水疱和烂斑；胃肠有出血性炎症；肺呈浆液性浸润；心包内有大量混浊而黏稠的液体。发生恶性口蹄疫时，可在心肌切面上见到灰白色或淡黄色条纹与正常心肌相伴而行，如同虎皮状斑纹，俗称"虎斑心"。心肌松软似煮过的肉。皮肤的肌细胞肿大，呈球形，细胞间桥明显渗出乃至溶解。心肌细胞变性、坏死、溶解，其释放出的有毒分解产物可使患病羊只死亡。

【诊断】根据流行病学、临床症状和病理剖检特征可作出初步诊断，确诊需进行实验室诊断。口蹄疫病变典型易辨认，故结合临床病学调查不难作出初步诊断。其诊断要点为：①发病速度急、流行速度快、传播范围广、发病率高，但死亡率低，且多呈良性经过；②病羊大量流涎，呈引缕状；③口蹄疮定位明确（口腔黏膜、蹄部和乳头皮肤），病变特异（水疱、糜烂）；④发生恶性口蹄疫时可见虎斑心；⑤为进一步确诊可采用动物接种试验、血清学诊断及鉴别诊断等。

【预防措施】本病以预防为主，每年做好口蹄疫免疫接种。若发现羊只出现流涎和跛行，其口腔、蹄部和乳房等处皮肤有水疱和溃烂，则应立即报告所在地区的兽医主管部门。疑似发生口蹄疫时，应立即上报，病羊就地封锁，所用器具及污染地面用 2%氢氧化钠溶液消毒。确诊后立即进行严格封锁、隔离、消毒及防治等一系列工作。发病羊群扑杀后要作无害化处理，工作人员外出要全面消毒；病羊吃剩的草料，要烧毁或深埋；羊舍及附近用 2%氢氧化钠溶液、二氯异氰脲酸钠（含有效氯≥20%）、1%～2%福尔马林溶液喷洒消毒。对疫区周围的牛、羊，选用与当地流行的口蹄疫毒型相同的疫苗进行紧急接种。对病羊要加强饲养管理及护理工作，每天用盐水、硼酸溶液等洗涤口腔及蹄部，并喂以软草、软料或麸皮粥等。口腔有溃疡时，用碘甘油合剂（1∶1）每天涂搽 3～4 次，用大酱或 10％食盐水也可。病变蹄部用消毒液洗净后，涂甲紫溶液（紫药水）或碘甘油，并用绷带包裹，不可接触湿地。在口腔出现水疱前，用血清或耐过的病羊血液治疗。

（二）痘病

该病是由痘病病毒引起的一种人和动物急性、热性、接触性传染病。痘病病毒感染分为持续较长时间的轻症感染和严重的致死感染，多为局部反应。有的呈现全身性反应，甚至出现毒血症，导致皮肤和内脏坏死。哺乳动物痘病典型特征为全身或局部性痘疹、水疱、脓疱和结痂等，绵羊痘较常见。

【流行病学】绵羊痘病多发于冬末春初，主要经呼吸道感染，也可通过损伤的皮肤或黏膜感染。不同品种、性别、年龄的绵羊均具有易感性，以细毛羊最为易感，羔羊比成年羊易感，病死率较高。饲养管理人员、护理用具、皮毛、饲料、垫草和体外寄生虫均可成为传播媒介。

【临床症状】绵羊痘平均潜伏期 4～8 d。病初为红色或紫红色的小丘疹，质地坚硬。以后扩大成为顶端扁平的水疱，后扩大成扁平出血性大疱或脓疱，中央可有脐凹并结痂，大小为 3～5 cm。在 24～48 h 内疱破后表面覆盖厚的淡褐色焦痂，痂四周有较特殊的灰白色或紫红色晕圈，其外再绕以红晕，以后变成乳头瘤样结节，最后变平、干燥、结痂而自愈。病程一般为 3 周，也可长达5～6 周，获得永久性免疫。皮疹数目不多，为单个或数个，易发于手指、前臂及面等暴露部位。病羊除了局部有轻微肿痛外，无全身症状或仅有微热，局部淋巴结肿大。

【病理变化】特征性病变是在咽喉、气管、肺和第四胃等部位出现痘疹。在嘴唇、食道、胃肠等黏膜上出现大小不同、扁平的灰白色痘疹，其中有些表面破溃形成糜烂和溃疡，特别是唇黏膜与胃黏膜表面更明显。但气管黏膜及其他实质器官，如心脏、肾脏等黏膜或包膜下则形成灰白色扁平或半球形的结节，特别是肺的病变与腺瘤很相似，多发生在肺的表面，切面质地均匀，但很坚硬，数量不定，性状则一致，在这种病灶的周围有时可见充血和水肿等。另外，绵羊痘病常见肝脂肪变性、淋巴结急性肿胀等类似细菌性败血症的病理变化。

【诊断】典型病例可根据临床症状、病理变化和流行病情况作出诊断，非典型病例可综合病羊发病情况作出诊断。另外，可将损害的痂皮或活检组织放在电镜下观察，如发现病毒包含体，则可确诊。

【预防措施】每年定期预防接种，可选用羊痘鸡胚化弱毒疫苗，大、小羊一律皮下注射 0.5 mL。疫区用痊愈羊的血清皮下注射，大羊 10～20 mL、羔羊 5～10 mL。同时配合中药治疗，效果很好。

平时做好羊群的饲养管理工作，羊圈要经常打扫，以保持其干燥、清洁。冬、春季节要适当补饲，做好防寒保暖工作，增强羊只的抗病能力。另外，禁止从发生痘病的疫区引种。

发现病羊及时封锁，并立即隔离防治，对污染场地可用 1‰次氯酸钠溶液喷洒消毒，并对羊只皮下注射免疫血清，预防量 5～10 mL，治疗量 20～50 mL。

中药治疗：金银花 15 g、白芷 9 g、连翘 9 g、板蓝根 6 g、当归 12 g、防风 6 g、黄连 6 g、龙胆草 6 g、栀子 6 g、黄柏 6 g、荆芥 6 g、蒲公英 9 g，混合粉碎喂羊或煎水灌服，每日 1 次。另外，取黄连 100 g、射干 50 g、地骨皮 25 g、黄柏 25 g、柴胡 25 g，混合后加水 10 kg，煎至 3.5 kg，用 3～5 层纱布过滤 2 次，装瓶灭菌备用。每次每只大羊用 10 mL、小羊用 5～7 mL，皮下注射，每天 2 次，连用 3 d。

（三）传染性脓疱

俗称"羊口疮"，是由传染性脓疱病毒引起的一种急性、传染性、嗜上皮性的人兽共患病。特点是在羊的口、唇、舌、鼻、乳房等部位的皮肤和黏膜上，先发生丘疹、水疱，后形成脓疱、溃疡，最后结成桑葚状的厚痂块。部分病羊伴有眼结膜发炎，初期眼流水、发红，最后结膜变白、增厚，甚至无视力。

【流行病学】本病只危害绵羊和山羊，3～6 月龄羔羊发病最多。成年羊虽易感，但发病较少。本病一年四季均可发生，但初春或春末夏初、气候炎热、干旱及牧草干枯季节较多见。本病发生时无性别和品种差异，并常为群发性。

病羊和带毒羊是传染源。自然感染主要由购入的病羊或带毒羊引起，或者是通过将健康羊置于曾有病羊用过的圈舍或污染的牧场而引起。感染途径主要是皮肤或黏膜的擦伤。在未免疫的新引进的易感羊群中，本病在短期内可使大多数羊感染，发病率达 20%～60%，在育肥羔羊中可达 90% 以上。由于本病毒存活力较强，因此本病在羊群中可连续危害多年。

【临床症状与病理变化】潜伏期 4～8 d。本病在临床上一般可分为唇型、蹄型和外阴型 3 种病型，也见混合型感染病例。

（1）唇型　病羊首先在口角、上唇或鼻镜上出现散在的小红斑，后逐渐变为丘疹和小结节，继而成为水疱或脓疱，破溃后结成黄色或棕色的疣状硬痂。如为良性经过，则经 1～2 周痂皮干燥、脱落而康复。严重病例，患部继续发生丘疹、水疱、脓疱、痂垢，并互相融合，波及整个口唇周围及眼睑和耳廓等部位，形成大面积龟裂、易出血的污秽痂垢。痂垢下伴以肉芽组织增生，痂垢不断增厚，整个嘴唇肿大外翻呈桑葚状隆起，影响采食，病羊日趋衰弱。部分病例常伴有坏死杆菌、化脓性病原菌的继发感染，引起深部组织化脓和坏死，致使病情恶化。有些病例口腔黏膜也发生水疱、脓疱和糜烂，使病羊采食、咀嚼和吞咽出现困难。个别病羊可因继发肺炎而死亡。继发感染时还可能蔓延至喉、肺及真胃。

（2）蹄型　病羊多见一肢患病，但也可能同时或相继侵害全部蹄端。通常于蹄叉、蹄冠或系部皮肤上形成水疱、脓疱，破裂后则成为有脓液覆盖的溃疡。如继发感染则发生化脓、坏死，常波及基部、蹄骨，甚至肌腱或关节。病羊跛行，长期卧地。也可能在肺脏、肝脏及乳房中发生转移性病灶，严重者衰竭而死或因败血症死亡。

（3）外阴型　外阴型病例较为少见。病羊表现为流黏性或脓性阴道分泌物，在肿胀的阴唇及附近皮肤上发生溃疡；乳房和乳头皮肤（多系病羔吮乳时传染）上发生脓疱、烂斑和痂垢。公羊则表现为阴囊鞘肿胀，出现脓疱和溃疡。

【诊断】根据临床症状、病变及流行情况，可作出初步诊断，确诊需进行实验室诊断。

【预防措施】①勿从疫区引进羊或购入饲料、畜产品。引进羊须隔离观察 2～3 周，严格检疫，同时应对蹄部进行多次清洗、消毒，证明无病后方可混入大群饲养。②保护羊的皮肤、黏膜勿受损伤，捡出饲料和垫草中的芒刺。加喂适量食盐，以减少羊只啃土啃墙次数，防止发生外伤。③本病流行区用羊口疮弱毒疫苗进行免疫接种，使用疫苗株毒型应与当地流行毒株相同，也可在严格隔离的条件下接种健康羊。具体操作是，对未发病羊的尾根无毛部进行划痕接种，10 d 后即可产生免疫力，保护期可达 1 年左右。④病羊可先用水杨酸软膏将痂垢软化，除去痂垢后再用0.1%～0.2%高锰酸钾溶液冲洗创面，然后涂2%龙胆紫、碘甘油溶液或土霉素软膏。每日1～2次，至痊愈。蹄型病羊则将蹄部置5%～10%福尔马林溶液中浸泡1min，连续浸泡3次；也可隔日用3%龙胆紫溶液、1%苦味酸溶液或土霉素软膏涂拭患部。

（四）大肠埃希氏菌病

是由大肠埃希氏菌的某些致病性血清型菌株引起的动物和人不同病型疾病的总称，包括腹泻、尿道感染、乳房炎、脑炎和败血症等，主要侵害幼龄羊。本病广泛存在于世界各地，不但给畜牧业带来巨大的经济损失，而且严重危害人类的健康。

【流行病学】本病发生时，不同地区的优势血清型往往有差别，即使在同一地区，不同疫场（群）的优势血清型也不尽相同。

羔羊对本病最易感。患病羊只和带菌羊只通过粪便排出的病菌，散布于外界，污染水源、饲草料、空气及母羊的乳头和皮肤，当初生羔羊吮乳、舐舔或进食时，经消化道而感染本病。人主要通过手或污染的水源、食品及用具等经消化道感染。

【临床症状】潜伏期数小时至2d。分败血型和肠型。

（1）败血型 主要发生于2～6周龄的羔羊。病初体温高达41.5～42℃，精神萎靡不振，四肢僵硬，运动失调，头常弯向一侧，视力障碍。继之卧地不起，磨牙，头向后仰，一肢或多肢做划水动作。口吐泡沫，鼻流黏液。有些病羊关节肿胀、疼痛，最后昏迷。由于发生肺炎而呼吸加快，很少或无腹泻。发病后4～12h死亡。

（2）肠型 主要发生于7日龄以内的幼羔。病初体温升高到40.1～41℃，不久即腹泻，体温降至正常。粪便先呈粥样，由黄色变为灰色；以后粪便呈液体状，含气泡，并混有血液和黏液。病羊腹痛、弓背、委顿、虚弱、卧地不起，如不及时救治，可经24～36h死亡，病死率为15%～75%。

【病理变化】败血型：剖检可见胸腔、腹腔和心包大量积液，内有纤维素。某些关节，尤其是肘关节和腕关节肿大，滑液浑浊，内含纤维素性脓性絮片。脑膜充血，有很多小出血点，大脑沟常含有多量脓性渗出物。从内脏可分离到致病性大肠埃希氏菌。

肠型：有时可见化脓性-纤维素性关节炎，剖检可见尸体严重脱水，皱胃、小肠和大肠内容物呈黄色稀粥样，黏膜充血，肠系膜淋巴结肿胀、发红。从肠道各部分可分离到致病性大肠埃希氏菌。

【诊断】根据流行病学、临床症状和病理变化可作出初步诊断，确诊需进行细菌学检查。一般采集血液、内脏组织，如肝脏、脾脏和肠管等病料进行细菌学检查。先将病料涂片、染色镜检，再进行分离培养；对分离出的疑似大肠埃希氏菌应先进行生化反应和血清学鉴定，再根据需要进行致病性试验，确定其致病性。只有证明分离株具有致病性，才有诊断意义。

【预防措施】该病的发生与外界各种应激因素有关，预防本病首先要在平时加强羊群的饲养管理，逐步改善圈舍的卫生和通风条件，认真落实羊场兽医卫生防疫措施，做好常见多发疾病的预防工作。

大肠埃希氏菌极易产生抗药性，如青霉素、链霉素、土霉素、四环素等抗生素对其几乎没有治疗作用。氯霉素、庆大霉素、氟哌酸、新霉素有较好的治疗效果，但对这些药物产生抗药性的菌株已经出现且有增多趋势。防治本病时，有条件的应进行药敏试验选择敏感药物，或选用本场过去少用的药物进行全群给药，可收到满意效果。早期投药可控制早期感染的病羊，促使其痊愈，同时可防止新发病例的出现。

(五) 巴氏杆菌病

是由多杀性巴氏杆菌引起的多种重要人兽共患传染病的总称。巴氏杆菌病的急性型常以败血症和出血性炎症为主要特征，因此过去又叫"出血性败血症"。慢性型常表现为皮下结缔组织、关节及各脏器的化脓性病灶，并多与其他疾病混合感染或继发。

【流行病学】多杀性巴氏杆菌对多种动物和人具有致病性。病畜、病禽的排泄物、分泌物及带菌动物均是本病重要的传染源。本病主要通过消化道和呼吸道，也可通过吸血昆虫和损伤的皮肤、黏膜而感染其他羊，但以幼羔较为严重，病死率较高。

本病的发生一般无明显的季节性，但以冷热交替、气候剧变、闷热、潮湿、多雨的时期发生较多。体温失调、抵抗力降低是本病主要的发病诱因之一；此外，长途运输或频繁迁移、过度疲劳、饲料突变、营养缺乏、有寄生虫病等也可诱发此病。本病多呈地方流行或散发，同种动物能相互传染，不同种动物之间也偶见相互传染。

【临床症状】绵羊比山羊更易感染，羔羊、幼龄羊比成年羊易感。

（1）最急性型　多见于哺乳羔羊，突然发病，出现寒颤、虚弱、呼吸困难等，常在数小时内死亡。

（2）急性型　病羊精神沉郁，体温升高到 41～42 ℃，咳嗽，鼻孔流血并混有黏液。病初便秘，后期腹泻，有的病羊粪便呈血水样，最后因腹泻脱水而死亡。

（3）慢性型　病羊消瘦，食欲减退，咳嗽，呼吸困难，死前极度消瘦。

【病理变化】皮下有液体浸润和小出血点。黏膜、浆膜及内脏出血，胸腔积液，肺淤血，有小出血点和肝变。其他脏器水肿、充血，间有小出血点，但脾不肿大，胃肠有出血性炎症。病程较长者消瘦，皮下胶样浸润，常见纤维素性胸膜炎、肺炎和心包炎，肝有坏死灶。

【诊断】根据流行病学、临床症状和病理变化可作出初步诊断，确诊需进行细菌学检查。羊死亡后立即剖检，并取心血和实质脏器分离和涂片染色镜检，见大量两极浓染的细菌即可确诊。

【预防措施】搞好圈舍环境卫生，定期用 2%～4% 氢氧化钠溶液进行消毒。注意环境改变时，如气温突变、运输、饲料改变等要采用药物预防。治疗及预防可用抗生素和磺胺类药物。

（六）布鲁氏菌病

是由布鲁氏菌引起的人兽共患性全身性慢性传染病，简称布病，又称地中海弛张热、马耳他热、波浪热或波状热。在家畜中牛、羊、猪最常发生，其临床特点为长期发热、多汗、关节痛及肝脾肿大等，且可传染给人和其他家畜。该病以羊布鲁氏菌病最为多见，进入慢性期可能引发多器官和系统损害，能引起人和多种动物的并发性疾病，被感染的人和动物表现为流产及不孕不育等症状。

【流行病学】羊为主要传染源，其次为牛和猪。牧民接羔为主要传染途径，兽医为病羊接生也极易被感染。此外，剥牛羊皮、剪打羊毛、挤奶、屠宰病羊、切羊肉及食用未烤熟的羊肉串等均可被感染，病菌会从接触处的破损皮肤进入人体。实验室工作人员常可由皮肤、黏膜感染细菌。食用染菌的生乳、乳制品和未煮沸病羊肉类时，病菌可自消化道进入体内。此外，病菌也可通过呼吸道黏膜、眼结膜和性器官黏膜而发生感染。人群对布鲁菌病普遍易感。

【临床症状】绵羊感染布鲁氏菌病的主要症状是流产，发生在妊娠后第3天或第4个月。流产前，食欲减退，口渴，精神萎靡不振，阴道流出黄色黏液等。其他症状还有乳房炎（乳汁有结块，乳量可能减少，乳腺组织有结节性病变等）、支气管炎、关节炎及滑液囊炎，公羊可表现睾丸炎和附睾炎。

【病理变化】胎衣呈黄色胶冻样浸润，有些部位覆盖纤维蛋白絮片和脓液，有的胎衣增厚，有出血点。绒毛叶部分或全部贫血，呈苍黄色，或覆有灰色或黄绿色纤维蛋白或脓液絮片，或覆有脂肪状渗出物。流产胎儿胃特别是皱胃中有黄色或白色内含絮状物的黏液，肠胃和膀胱的浆膜有点状或线状出血。浆膜腔有微红色液体，腔壁上可能覆有纤维蛋白凝块。皮下呈出血性浆液性浸润。淋巴结、脾脏和肝脏有不同程度的肿胀，有的散在炎性坏死灶。脐带常呈浆液性浸润，肥厚。胎儿和新生犊牛可能有肺炎病灶。公牛精囊内可能有出血点和坏死灶，睾丸和附睾可能有炎性坏死灶和化脓灶。

【诊断】根据本病的流行病学、临床症状和病理变化，如发现妊娠母羊发生流产，而且多发生于第一胎妊娠母羊，多数致流产1次，流产后常伴发胎衣不下、子宫炎、屡配不孕，公羊表现睾丸炎症状等可怀疑本病。确诊需进行实验室检查。

细菌培养需时较长，4周后仍无生长方可放弃。骨髓培养的阳性率高于血液，慢性期尤是。急性期阳性患者的血培养阳性率可达60%～80%。

【预防措施】应当着重体现"预防为主"的原则，采取免疫、淘汰患病羊等综合性措施进行防控。

（七）炭疽

是由炭疽杆菌所致的一种人兽共患的急性、热性、败血型传染病。临床上主要表现为高热、呼吸困难，因败血症死亡或成痈肿。皮肤坏死、溃疡、焦痂，周围组织广泛水肿及出现毒血症症状，皮下及浆膜下结缔组织出血性浸润；血液凝固不良，呈煤焦油样，偶可引致肺、肠和脑膜的急性感染，并可伴发败血症。自然条件下，草食动物最易感；人类中等敏感，主要发生于与羊及其加工产品接触较多及误食病羊肉的人员。

【流行病学】自然条件下，草食动物较易感，以绵羊、山羊、马、牛和鹿最易感。患病动物是本病的主要传染源，当处于菌血症时，患病动物可通过粪、尿、唾液及天然孔出血等方式排菌。另外，尸体处理不当，可使大量病菌扩散于周围环境，若不及时处理，则形成芽孢，污染土壤、水源或牧场，使之成为长久疫源地。

本病主要通过采食污染炭疽杆菌芽孢的饲草料和饮水经消化道感染，但也可经呼吸道吸入或被昆虫叮咬而感染。本病常呈散发性，又可为地方性流行。干旱或多雨、地震灾后、洪水涝积、吸血昆虫多都是本病暴发的因素。

【临床症状】潜伏期1~5 d，最短仅12 h，最长12 d。临床可分以下五型。

皮肤炭疽最为多见，可分炭疽痈和恶性水肿两型。炭疽多见于面、颈、肩、手和脚等裸露部位皮肤，初为丘疹或斑疹；第2天顶部出现水疱，内含淡黄色液体，周围组织硬而肿；第3~4天中心区呈现出血性坏死，稍下陷，周围有成群小水疱，水肿区继续扩大；第5~7天水疱坏死破裂成浅小溃疡，血样分泌物结成黑色似炭块的干痂，痂下有肉芽组织形成为炭疽痈。周围组织有非凹陷性水肿。黑痂坏死区的直径大小不等，为（1~2）~（5~6）cm，水肿区直径可达5~20 cm。坚实、疼痛不显著、溃疡不化脓等为其特点。继之水肿渐退，黑痂在1~2周内脱落，再过1~2周愈合成疤。发病1~2 d后病羊出现发热、头痛、局部淋巴结肿大及脾肿大等。少数病例局部无黑痂形成而呈现大块水肿，累及部位大多为组织疏松的眼睑、颈、大腿等。患处肿胀、透明而坚韧，扩展迅速，可致大片坏死。全身毒血症明显，病情危重。若治疗贻误，病羊可因循环衰竭而死亡。如病原菌进入血液，则可产生败血症，并继发肺炎及脑膜炎。

【病理变化】急性炭疽为败血症病理变化，尸僵不全，尸体极易腐败，天然孔流出带泡沫的黑红色血液，黏膜发绀。剖检时，血凝不良，黏稠如煤焦油样。病羊全身多发性出血，皮下、肌间、浆膜下结缔组织水肿。脾脏变性、淤血、出血、水肿，常肿大2~5倍，脾髓呈暗红色，煤焦油样，粥样软化。

【诊断】一般对病羊可根据流行病学和临床特点作出初步诊断。确诊有赖于各种分泌物、排泄物、血、脑脊液等的涂片检查和培养。涂片检查最简便，如找到典型而具荚膜的大杆菌，则可确诊。荧光抗体染色、串珠湿片检查、特异噬菌体试验、动物接种等可进一步确诊。

【预防措施】预防应每年接种一次炭疽芽孢苗。任何单位和个人发现患有本病或者疑似本病的羊，都应立即向当地动物防疫监督机构报告。当地动物防疫监督机构接到疫情报告后，按国家动物疫情报告管理的有关规定执行。

（八）小反刍兽疫

是由副黏病毒科麻疹病毒引起的一种急性接触性传染性疾病，主要感染小反刍兽，特别是山羊和绵羊，野生动物偶尔感染。

【流行病学】病羊及其分泌物、排泄物、组织，或被其污染的草料、用具和饮水等为本病的传染源。本病主要通过直接接触传染和间接接触传染，或经飞沫传染，饮水也可以导致羊受到感染。病羊急性期自分泌物、排泄物及呼气等排出的病毒，成为传染源。同地区之内的羊，以直接接触方式或经由咳嗽而行短距离飞沫传染。一般认为羊只恢复后不会成为慢性带毒者，但感染后的潜伏期可能传播本病。山羊及绵羊为主要的易感动物，山羊较绵羊感染性高且临床症状较严重。不同品种的山羊或同品种不同个体对本病的感染性亦有不同，欧洲品系山羊较易感染本病。

【临床症状】小反刍兽疫是小反刍兽的一种以发热、眼鼻多黏性分泌物、口炎、腹泻、肺炎为特征的急性病毒病。该病临床症状和牛瘟相似，但只有山羊和绵羊感染后才出现症状，感染牛则不出现临床症状。本病潜伏期多为4～6 d，发病急，高热可达41 ℃以上，持续3～5 d。病羊精神沉郁，食欲减退，体重下降，鼻镜干燥，口、鼻腔分泌物逐渐变成浓性黏液。如果病羊不死，这种症状可以持续14 d。发热开始的4 d内，病羊口腔黏膜先是轻微充血，出现表面糜烂，大量流涎，出现坏死通常首发于牙床下方的黏膜，其后坏死现象迅速向牙龈、硬腭、颊、口腔乳突、舌等黏膜蔓延。坏死组织脱落，出现不规则且浅的糜烂斑。后期病羊排水样腹泻，严重脱水，消瘦，怀孕羊可能流产。随之体温下降，因二次细菌性感染出现咳嗽，呼吸异常，发病率可达100%，严重时死亡率可达100%，但一般不超过50%。幼龄羊发病率和死亡率都很高。超急性病例可能无病变，仅出现发热及死亡。

【病理变化】病变与牛瘟相似，患羊可见结膜炎、坏死性口炎等肉眼病变，在鼻镜、喉、气管等处有出血斑，严重病例可蔓延到硬腭及咽喉部。皱胃常出现病变，病变部常出现规则、有轮廓的糜烂，创面红色、出血；而瘤胃、网胃、瓣胃很少出现病变。肠可见糜烂或出血，大肠内，盲肠、结肠结合处出现特征性线状出血或斑马样条纹。淋巴结肿大，脾脏出现坏死灶病变，原发性的支气管肺炎显示为病毒感染。

【诊断】根据临床症状、流行病学、剖检病变进行初步诊断，确诊需要进行实验室诊断。

【预防措施】一旦发生本病，应按《中华人民共和国动物防疫法》规定，按照一类动物疫情处置方式扑灭疫情。

(九) 羊梭菌性疾病

是由梭状芽孢杆菌属中的微生物所致的一类疾病，包括羊快疫、羊肠毒血症、羊猝狙、羊黑疫、羔羊痢疾等。这类疾病的症状非常类似，其共同特点是发病急、死亡快。

（1）羊快疫　是主要发生于绵羊的一种急性传染病。病原为腐败梭菌，是由革兰氏阳性的厌气大肠埃希氏菌所引起，发病突然，病程极短，其特征为病羊真胃呈出血性、炎性损害。

（2）羊肠毒血症　是由魏氏梭菌产生毒素所引起的绵羊急性传染病，该病以发病急、死亡快、死后肾脏多见软化为特征，又称软肾病、类快疫。

（3）羊猝狙　是由 C 型魏氏梭菌的毒素引起的，以急性死亡为特征，伴有腹膜炎和溃疡性肠炎，1～2 岁绵羊多发。

（4）羊黑疫　又名传染性坏死性肝炎，是绵羊和山羊的一种急性高度致死性毒血症。

（5）羔羊痢疾　是初生羔羊的一种急性毒血症，以剧烈腹泻和小肠发生溃疡为特征。常可使羔羊发生大批死亡，给养羊业带来重大损失。

【流行病学】本病绵羊多发，发病羊营养多在中等以上，年龄为 6～18 月龄，一般经消化道感染，多发于秋、冬、初春气候骤变及阴雨连绵的季节。

【临床症状】急性病例不出现症状，突然死亡；稍慢的病例可见卧地，不愿走动，运动失调，腹部膨胀，有疝痛症状，有的病例体温可升高至 41.5 ℃左右。病羊最后极度衰竭、昏迷而后在数小时内死亡，罕有痊愈者。

【病理变化】病羊呈现真胃出血性炎症，在胃底部及幽门附近有大小不一的出血斑块，表面坏死；胸腔、腹腔、心脏有大量积液；黏膜下组织常水肿；心内外膜有点状出血；肠道、肺的浆膜下可见出血；胆囊肿胀，死羊若未及时剖检则迅速腐败。

【预防措施】加强平时的饲养管理。每年高发期注射"羊快疫、猝狙、肠毒血症"三联菌苗。发病时采用对症疗法用强心剂、抗生素等药物，青霉素 80 万～160 万 IU，每天 1～2 次。磺胺甲噁唑，每次 5～6 g，连用 3～4 次。

10％安钠咖 5％葡萄糖 1 000 mL 静脉注射。10％石灰乳 50～100 mL 口服，连用1～2 次。发生该病时，转移牧地可收到减少或停止发病的效果。

（十）羊支原体肺炎

是由支原体引起的羊的一种接触性慢性传染病，以增生性间质性肺炎及胸膜炎为特征。

【流行病学】绵羊肺炎支原体可感染山羊和绵羊，病羊肺组织及胸腔渗出液中含有大量病原体。本病常呈地方性流行，主要通过飞沫经呼吸道传染，接触传染性强。阴雨连绵、寒冷潮湿、营养缺乏、羊群密集、拥挤等不良因素易诱发本病。

【临床症状】潜伏期平均 18～20 d。初期病羊体温升高，精神沉郁，食欲减退；随即咳嗽，流浆液性鼻液；4～5 d 后咳嗽加重，病羊干咳而痛苦，浆液性鼻液变为黏脓性，常黏附于鼻孔、上唇，呈铁锈色。病羊多在一侧出现胸膜肺炎变化，肺部叩诊有实音区，听诊肺呈支气管呼吸音或呈摩擦音。触压胸壁，病羊表现敏感、疼痛。病羊呼吸困难，高热稽留，眼睑肿胀，流泪或有黏液脓性分泌物，腰背弓起作痛苦状。怀孕母羊可发生流产。

【病理变化】病变特征在肺脏，两侧有对称性实变，呈浅灰色或粉红色。胸腔常有淡黄色积液，暴露于空气后易于凝固。严重时发生化脓性胸膜肺炎。

【诊断】根据临床诊床状和肺脏病理变化可作出初步诊断。肺组织支原体分离和病羊血清微量凝集试验呈阳性者可以确诊。

【预防措施】从国外引进的良种羊要经过严格检疫、隔离观察后方可混饲。本病流行区坚持免疫接种。现在生产的山羊传染性胸膜肺炎氢氧化铝灭活疫苗，不能预防本病。如当地羊群系由绵羊肺炎支原体所引起，则可使用绵羊肺炎支原体灭活疫苗。羊群发病时，应及时进行封锁、隔离和治疗。支原净，口服 25～50 mg/kg（以体重计），7 d 为一个疗程，隔 7 d 再服一个疗程。此外，螺旋霉素也有一定疗效。

第五节　阿勒泰羊常见普通病的控制

阿勒泰羊普通疾病所涉及的内容较广，主要包括内科疾病、外科疾病和产科疾病三类。普通疾病发生的主要原因是没有进行科学养殖、羊营养代谢失衡。对普通病不但要加强平时的饲养管理，还要坚持做到早发现、早治疗的原则，以最大限度地降低死亡率，提高经济效益。

一、瘤胃臌气

瘤胃臌气是因前胃神经反应降低、收缩力减弱，膈与胸腔脏器受到压迫，呼吸与血液循环出现障碍产生窒息现象的一种疾病。发病原因为患羊过食易于发酵的大量饲草，如露水草、带霜水的青饲料、开花前的苜蓿、马铃薯叶，以及已发酵或霉变的青贮饲料等在瘤胃微生物的作用下异常发酵，产生了大量气体，引起瘤胃和网胃急剧膨胀，也有的是由于误食毒草或过食大量不易消化的豌豆、油渣等，这些饲料在胃内迅速发酵，产生大量气体，因而引起急剧膨胀。

【病因】

（1）原发性　主要是由于羊采食大量容易发酵的饲料，如品质不良的青贮料，腐败、变质的饲草，过食带霜露雨水的牧草等。在开春后，羊饲喂大量脆嫩多汁的青草时最易发生瘤胃臌气。若奶羊误食某些毒草，如乌头、毒芹和毛茛等，常可引起中毒性瘤胃臌气。另外，饲料或饲喂方式的突然改变也易诱发本病。

（2）继发性　瘤胃臌气常继发于食管阻塞、麻痹或痉挛、创伤性网胃炎、瘤胃与腹膜粘连、慢性腹膜炎、网胃与膈肌粘连等。

【临床症状】羊采食不久后发病，弓腰举尾，腹部膨大，烦躁不安，采食、反刍停止，左腹部突出，叩之如鼓，气促喘粗，张口伸舌，左腹部迅速胀大，病羊摇尾踢腹，听诊瘤胃蠕动音消失或减弱。

【病理变化】刚病死的羊剖检后，可见其瘤胃壁过度紧张，充满大量气体及含有泡沫的内容物。死后数小时剖检，瘤胃泡沫内容物消失，有的皮下出现气肿，有的瘤胃或膈肌破裂。瘤胃下部黏膜特别是腹囊具有明显的红斑，甚至黏膜下淤血，角化的上皮脱落。头颈部淋巴结、心外膜充血和出血，颈部器官充血和出血；肝脏和脾脏成贫血状，浆膜下出血。

【诊断】通过临床表现可确诊。

【预防】防止羊采食过量的多汁、幼嫩的青草和豆科植物（如苜蓿），以及易发酵的甘薯秧、甜菜等。不在雨后或带有露水、霜等的草地上放牧。

大豆、豆饼类饲料要用开水浸泡后再喂。做好饲料保管和加工调制工作，严禁给阿勒泰羊饲喂发霉腐败的饲料。

【治疗】原则是排气减压，抑制发酵，恢复瘤胃的正常生理功能。

臌气严重的病羊要用套管针进行瘤胃放气。臌气不严重的用消气灵 10 mL×3 瓶，液体石蜡油 500 mL×1 瓶，加水 1 000 mL，灌服。

为抑制瘤胃内容物发酵，可内服防腐止酵药，如将鱼石脂 20~30 g、福尔马林溶液 10~15 mL、1% 克辽林 20~30 mL，加水配制成 1%~2% 溶液，内服。

为促进嗳气、恢复瘤胃功能，可向舌部涂布食盐、黄酱；或将一棵树根衔于口内，促使其呕吐或嗳气。静脉注射 10% 氯化钠 500 mL，内加 10% 安钠咖 20 mL。

对妊娠后期或分娩后的病羊或高产病羊，可一次静脉注射 10% 葡萄糖酸钙 500 mL。

二、羊胃肠炎

是胃肠黏膜及其深层组织的出血性或坏死性炎症，伴发严重消化紊乱和自体中毒症状。

【病因】阿勒泰羊采食了大量冰冻或发霉的饲草、饲料，或采食了蓖麻、巴豆等有毒植物，或食入尖锐的异物损伤胃肠黏膜后化脓感染，或饲料中混有化肥或具有刺激性的药物，或长距离运输、过度紧张等，或滥用抗生素造成胃肠道菌群失调等。

【临床症状】患病初期病羊多呈现急性消化不良症状，之后逐渐或迅速转为胃肠炎症状。精神沉郁，食欲减退或废绝；舌苔厚；粪便呈粥样或水样，腥臭，混有黏液、血液和脱落的黏膜组织，有的混有脓液。腹痛，肌肉震颤，肚腹蜷缩。病初，肠音增强，随后逐渐减弱甚至消失。当炎症波及直肠时，病羊排粪呈里急后重；病至后期，肛门松弛，排粪失禁。病羊体温升高，心率增快，呼吸增数，眼结膜潮红或发绀，眼窝凹陷，皮肤弹性减退，尿量减少。随着病情的恶化，病羊体温降至正常温度以下，四肢厥冷，体表静脉萎陷，精神高度沉郁甚至昏睡或昏迷。慢性胃肠炎表现为食欲不定，时好时坏，或食量持续减少，常有异食癖表现。

【诊断】根据临床症状及病羊粪便中含有病理性产物等，可以作出正确的诊断。

【预防】做好饲养管理工作，不给羊饲喂霉败饲料，不让羊采食有毒物质和有刺激、腐蚀性的化学物质；防止应急因素的刺激；定期预防接种和驱虫。

【治疗】口服磺胺脒片 4～8 g、小苏打 3～5 g；或用青霉素 40 万～80 万 IU、链霉素 50 万 IU，一次肌内注射，连用 5 d。脱水严重的宜输液，可用 5% 葡萄糖 150～300 mL、10% 樟脑磺酸钠 4 mL、维生素 C 100 mg 混合，静脉注射，每日 1～2 次。亦可用土霉素或四环素 0.5 g，溶解于 100 mL 生理盐水中，静脉注射。

三、瘤胃酸中毒

由过食精饲料（如玉米、大麦、稻谷、麸皮等），或长期过量饲喂甜菜等块根类饲料及酸度过高的青贮饲料所引起。

【临床症状】

（1）急性型　病羊精神沉郁，腹胀、腹痛，不愿走动，步态不稳，不断起卧。呼吸迫促，心跳加快。瘤胃内容物多，不坚硬，以后变软，呈液状。瘤胃弹性降低，蠕动极弱或停止。阵发性痉挛，呕吐。

（2）慢性型　主要表现为慢性前胃弛缓、腹泻，病羊食欲时好时坏，逐渐消瘦。

（3）较轻型　病羊首先表现食滞性前胃迟缓，以后脱水、腹泻，粪便呈褐色，混有黏液或血，呼气有酸臭味，尿少或无尿。后期呈昏睡状，有的发生肺气肿。妊娠母畜阴门分泌胶冻样黏液。

【病理变化】

（1）急性型　病羊胃肠道有不同程度的充血，黏膜脱落，尤其是瘤胃。瘤胃内容物多而稀，有酸奶样臭味。

（2）慢性型　病羊以胃肠炎和溃疡明显，特别是小肠。肝肿大，质脆，色黄，脓肿。除皱胃外，胃肠道的 pH 均降低，盲肠和结肠内容物也呈酸性。

【诊断】病羊过食精饲料可引起，但剖检和实验室检测可确诊。

【预防】该病最有效的办法是给羊限量饲喂精饲料。对急需补喂精饲料的羊，要在日料中按精饲料总量混合补 2% 碳酸氢钠。

【治疗】静脉注射生理盐水或 5% 葡萄糖氯化钠 250～500 mL，以增加血液容量。静脉注射 5% 碳酸氢钠注射液 10～20 mL，以缓解酸中毒。肌内注射青霉素 G 钠（或钾）40 万～80 万 IU，以防止羊继发感染。当患羊表现兴奋、甩头等症状时，可用 2004 甘露醇或 25% 山梨醇 25～30 mL 静脉滴注。当患羊症状减轻、脱水症状缓解，但仍卧地不起时，可静脉注射葡萄糖酸钙 10～

20 mL，以补充血钙浓度，加强心脏收缩，增强抵抗力。

四、中毒

羊与其他动物一样，有时不能辨别有毒物质而误食，从而引起中毒。预防中毒的措施有：不喂有毒植物；禁喂霉变饲料、饲草；饲料、饲草应晒干保存，贮存的地方应干燥、通风；喂前要仔细检查，如果发现霉变应弃置；喷洒过农药和施用过化肥的农田所排的水，不应当作羊的饮水。一旦发现羊中毒，首先要查明原因，并及时进行救治。中毒的一般治疗原则如下：

1. 排出毒物　初期可用胃导管洗胃，用温水反复冲洗，以排出胃内容物。如果中毒发生的时间较长，则应及时灌服泻剂。常用盐类泻剂，有硫酸钠（芒硝）或硫酸镁（泻盐），剂量一般为 50～100 g。大多数有毒物质常经肾脏排泄，因此利尿对排毒有一定效果，可使用强心剂、利尿剂，内服或静脉注射。

2. 使用特效解毒药　确定有毒物质的性质后，可及时有针对性地使用特效解毒药，如酸类中毒可服用碳酸氢钠、石灰水等碱性药物；碱类中毒常内服食用醋；亚硝酸盐中毒可用 1% 的美蓝溶液按每千克体重 0.1 mL 静脉注射；氰化物中毒可用 1% 的美蓝溶液按每千克体重 1.0 mL 静脉注射；有机磷农药中毒时可用解磷定、氯磷定、双复磷解毒。

3. 对症治疗　为了增强肝脏、肾脏的解毒能力，可大量输液；心力衰竭时可用强心剂；呼吸困难时可使用舒张支气管、兴奋呼吸中枢的药物；病羊兴奋不安时，可使用镇静剂。

五、外伤处理

羊发生外伤后应及时止血、清创、消毒等，以防化脓。

1. 止血　用压迫法或注射止血药来抑制出血，以免病羊失血过多。

2. 清创　在创伤周围剪毛、清洗、消毒，清除创腔内的异物、血块及挫灭组织，然后用高锰酸钾等反复冲洗创腔，直到干净为止，并用灭菌纱布蘸干残留药液。

3. 消毒　对不能缝合且较严重的外伤，应撒布适量青霉素、链霉素、四环素等抗生素类药品，防止感染。

（新疆农垦科学院康立超　甘肃农业大学袁玖　编写）

第九章
阿勒泰羊羊场建设与环境控制

羊场建设要围绕场址选择布局、羊舍修建、生产配套设施设备、防疫卫生、粪污和废弃物处理等方面，严格执行相关法律规定和行业规程，并按相应的程序进行组织、管理和生产。本章将重点围绕羊场选址建设、生产设施设备、羊舍环境控制和废弃物无害化处理等内容展开介绍。

第一节　阿勒泰羊羊场选址与建设

选择场址必须符合本地区农牧业生产发展总体规划、土地利用发展规划和城乡建设发展规划的用地要求。必须遵守合理利用土地的原则，不得占用基本农田，尽量利用荒地和劣地建场。此外，自然保护区、水源保护区、风景旅游区、地质灾害多发地带和环境严重污染地区不宜建场。

一、羊场选址的基本要求

1. 地形地势　一般情况下，羊场宜选在地势较高、干燥平坦、排水良好和向阳背风的地方，与主要交通干线和居民区保持至少 0.5 km 以上的距离。平原地区一般场地比较平坦、开阔，场址应选在略有坡度的场所，有利于排水防洪。山区建场应尽量选择在背风向阳、面积较大的缓坡地带。但坡度不易过大，一般要求不超过 25°，否则会增加建厂施工负荷。

2. 水电交通　羊场建设要求水量充足且水质良好，相应的水质指标，如 pH、细菌总数、固形物总量、硝酸盐和亚硝酸盐的总含量应符合国家环保标准。在建场之前需检验水质理化特性和生物特性，同时对羊场生产、生活、消防等用水需求与当地供水能力进行评估。如果羊场附近建有化工、制药、冶炼等污染风险较大企业，则应将羊场建于水源上游。羊场生产与生活要求有可靠的供电条件，应尽可能靠近输电网路，以缩短线路架设距离。此外，羊场需常备发电机，用于断电情况下的应急供电。

羊场应建在交通便利的城郊或农村地区，既要考虑饲料和羊群运输便利，又要考虑对传染性疫病的预防。一般情况下，建议羊场距离一、二级公路和铁路应不少于 500 m，距离三级公路应不少于 200 m，距离四级公路应不少于 100 m；羊场与周边村镇至少保持 500 m 的直线距离，且处于周边村镇的主导风向和水源下游位置。

3. 周边环境　羊场选址前要充分调研当地及周边地区的疫情状况，并结合种植、养殖业发展水平进行可行性论证。养殖场及周边环境必须为无疫病区，且周边地区最好无其他养殖场。羊场绝不能建在传染病或寄生虫病流行的疫区，也不能建在化工厂、屠宰场或制药厂等极易污染环境的企业的下风处和水源下游。在充分考虑种养结合的前提下，羊场宜选址在种植业较为发达的地区，周边应具有丰富的可用于饲料加工的农作物资源，如玉米秸秆、大豆秸秆、花生秧、甘薯秧和棉籽壳等，以尽可能地降低运输成本。

二、羊场建设规划与设计

场区合理的功能分区规划、道路设计、建筑布局是良好运营管理和高效生产的前提和保障。

1. 分区规划设计　羊场建设的功能分区是否合理，不仅影响基建投资、经营管理、生产效率和经济效益，而且影响场区的生态环境及卫生防疫状况。羊场按规划可分为生产区、辅助生产区、生活管理区和隔离区。辅助生产区和生活管理区应位于场区地势较高处，且位于常年主导风向的上风向处；隔离区应位于场区地势较低处，且常年处于主导风向的下风向处。

（1）生产区　主要建设不同类型的羊舍（种公羊舍、母羊舍、保育舍、育肥舍等）、采精室、人工授精室、装车台和选种展示厅等。建议所有功能分区分别设置进出通道，与生活区和各生产区相通。

（2）辅助生产区　包括更衣室、消毒室、兽医室、剪毛车间、药浴池、青贮窖、饲料仓库、配电室、水泵房、锅炉房、维修间等。其中饲料仓库需要重点管控，要求仓库卸料口位于辅助生产区内，而取料口位于生产区内。禁止外来车辆进入生产区，确保生产区内外运料车互不交叉使用。

（3）生活管理区　主要包括管理区办公用房（办公室、业务室、接待室、会议室、资料室、化验室、传达室等），以及生活区的职工食堂、宿舍和洗浴室。场区大门入口处必须设置外来人员和车辆专用消毒通道等。生活区应与生产区保持隔离，且两者间必须要有一段缓冲地带。生产区入口处应备有进出人员专用更衣室和消毒室，以及进出车辆的消毒设施。生活区最好处于场区全年主导风向的上风处或侧风处，并且宜紧邻场区大门内侧集中布局。场区大门与场内主干道相连，外来人员或车辆经过大门进入时必须强制消毒，并经门卫登记放行后才能进场。

（4）隔离区　主要包括兽医室、隔离羊舍、解剖室，以及焚烧处理设备间、粪污贮存设备间。隔离区应位于场区地势最低处，且在常年主导风向的下风处，与生产区之间需要保持适当的卫生防疫间距。隔离区内的粪污处理设备间必须通过专用通道与生产区相连，且有专用大门和道路与场外相通。

2. 场内道路和运动场设计　场区内部道路应保持短而直，尽可能缩短运输距离，主道与场外道路相连，通常路宽约 6 m 左右，能保证顺利错车。支路与畜舍、饲料仓库、粪污处理设备间等场所相连，路宽约 4 m。整个生产区的道路应按用途进行划分，分为运送产品、饲料的净道和运送粪污、病死羊的污道。考虑到卫生防疫问题，净道和污道不能混用或交叉，道路两侧应设置排水明沟，并进行相应的绿化处理。

运动场应设在向阳背风的地方，一般设置在羊舍之间的空地上。运动场要相对平坦，略有坡度，便于排水。四周应设置围栏和排水沟，一般羊场内运动场围栏高约 1 m。面积按舍内羊群数量确定，通常建议每头羊占 4 m² 左右。为防止夏季暴晒，建议在运动场内种植遮阴树木或设置凉棚。

3. 场内建筑布局　羊场内建筑通常应设计成东西成排、南北成列，尽量整齐紧凑。生产区内羊舍通常设置为单列、双列或多列，如场区用地充足，生产区应规划成方形布局。考虑到卫生防疫要求，应根据地势和当地主导风向布局各种建筑。相邻建筑间距也是需要重点考虑的问题，需要综合采光、通风、防火和节约用地等多个因素进行设计。一般建议羊舍间距离不小于羊舍檐高的 2～4 倍，可以满足采光、通风、排污、防疫和防火的要求。

第二节 阿勒泰羊羊场设施与设备

规模化羊场设施、设备建设与环境条件的标准化和规范化是现代养羊业发展的核心内容，在符合当地畜牧和环保主管部门管理要求的前提下，场区的生产设施建设与设备配置应坚持因地制宜、经济适用、简便易行和生态环保的原则，既要顺应绵羊和山羊的生活规律和生长特性，也要结合考虑当地自然条件和经济水平，做到合理规划。

羊场必备设施与设备主要用于分群、饲喂、治疗、繁殖、杀虫等日常管理活动，采取科学的选择和设计具有事半功倍的效果。羊场的基本设施设备包括不同用途的圈舍栅栏、饲料槽、草料架、盐槽、饲料仓库、青贮窖、药浴池、给排水设施、兽医室、人工授精室等。

1. 圈舍栅栏 最主要的用途是按照生产管理需要将羊群进行分群，常用栅栏主要包括以下几类。

（1）分群栏 当羊群进行配种、防疫注射、驱虫、称重、出售或转移圈舍时，需进行分群。宜选用金属材质修建分群栅栏，搭建成一条比羊体稍宽的狭长通道，羊群在通道内只能逐头单行前进，不能回转逆行（图 9-1）。在主通道两侧可视需要设置若干个分支通道，可采用活动栅栏控制分支通道的闭合，

图 9-1　羊场分群栏

分别通向生产区内的不同圈舍。圈舍门的宽度与通道相同，可双向打开，通过圈门的打开方向管理羊群的进出。分群栏是羊场的必备设施，设置目的是为了定向分群，实现高效管理。

（2）母仔栏　设置母仔栏是为了更好护理产后母羊和羔羊，避免同类相互伤害，提高羔羊成活率。常用木板制作或钢筋焊接成活动栏板，通常每块栏板高 1 m、长 1.2～1.5 m，栏板两侧或四角装有可彼此连接的挂钩、插销或铰链。将活动栏板拼成直角，固定于圈舍墙壁一角，即可围成 1.5～2.2 m² 的隔间，用于单独饲养带羔母羊。在规模化羊场中，母仔栏的作用非常重要，可避免母羊受其他羊的骚扰，方便母羊产后管理和羔羊护理，提高羔羊存活率。

（3）羔羊补饲栅　主要用于羔羊补饲，可将多个栅栏、栅板在羊舍内或运动场围成足够面积的围栏，栅栏上留一个进出的小门。羔羊可以自由进出采食，大羊则无法通过，栏内设置饲料槽和草料架。这种补饲栅栏一般用木板制成，板间距离 15 cm，搭建补饲栅栏的大小取决于羔羊的数量。

（4）活动圈栏　用于随时就地隔离羊群使用，如在抓膘补饲、配种产羔、疾病治疗等日常管理活动中可方便解决分群问题。活动圈栏通常分为重叠或折叠类型，由网栏、围布、圈门、立桩、拉筋等组成，拆装方便、牢固可靠、省时便利、成本低廉且适用性强。

（5）颈夹　一般用于采食过程限定羊群自由活动之用。颈夹可采用钢管焊制，通常在采食围栏内侧每隔 30～40 cm 设置 1 个，钢管下半部与轴相连，自然状态下上宽下窄（上宽 18 cm、下宽 10～12 cm）。当羊头部伸过颈夹开始采食时，钢管转动呈垂直状态。在颈夹上方设有挂钩或插销，此时扣合即可将羊头部固定。颈夹锁定时可避免羊只乱占槽位抢食造成采食不均或浪费，利于提高采食效率，同时可辅助兽医开展修蹄、打针、配种等生产活动。

2. 饲料槽　是羊舍内基础设施之一，用于羊群采食饲料之用，通常用木材、钢筋、水泥和砖等材料建造。科学设计的饲料槽既可保障羊群自由采食，也能防止羊群在采食过程中将槽内饲料拱到槽外造成浪费。饲料槽深要适度，边缘要圆滑，槽底设计成弧面，确保羊的唇舌能够触及槽底或边缘各处，可减少饲料浪费，避免羊只划伤，同时也减少了不必要的人工费用。饲料槽分为固定式和移动式两种类型。

（1）固定式饲料槽　分为长条形和圆形两种。长条形饲料槽通常设置于羊舍颈夹下方，以砖石和水泥结构为主，平行于羊圈栅栏，每个饲料槽可供

20～30头羊共用。一般推荐饲料槽上宽下窄，上槽宽50 cm左右，下槽宽30 cm左右，槽深20～25 cm，槽底为弧面。

圆形饲料槽一般设置在运动场，同样为砖石和水泥结构，料槽的深度、宽窄可依照长条形饲料槽的标准建造，但需搭建成圆形结构。羊群采食时围成一圈，可充分利用有限空间。圆形饲料槽具有饲草添加方便、个体采食机会均等、减少饲料损失浪费等优点。

（2）移动式饲料槽　大多采用木料和铁皮制作，长1.5～2 m，上槽宽30～40 cm，下槽宽20～30 cm，既可饲喂草料，也可供羊群饮水使用。移动式饲料槽制作简单、便于移动、使用方便，主要适用于个体养殖户或小规模羊场，规模化羊场可置于运动场内用于补饲。

3. 草料架　是喂粗饲料或新鲜饲草专用的饲料槽，主要放置在圈舍内或运动场。使用草料架饲喂可减少饲草浪费，且采食高效。草料架形式多样，分为单面和双面草料架，既可靠圈舍墙壁固定，也可置于圈舍中央。草料架隔栏可用木料或钢材制成，为方便羊头能伸进栏内采食草料，通常隔栏宽度为15～20 cm。

4. 盐槽　为羊群提供食盐或其他矿物质添加料时，可设置盐槽供羊随时舔食，大小以可供5～10只羊同时舔食为宜。盐槽应结实稳固，防止被羊群掀倒，或被羊蹄踩踏。

5. 饲料仓库　规模化养羊场必须建有饲料仓库（图9-2），设计需科学、合理。仓库地面应高于场区20～30 cm，四周必须布设排水渠道，库内保持干

图9-2　饲料仓库

燥、通风，铺设光滑水泥地面。饲料仓库可设计为封闭式、半敞式或棚式，布局上需邻近饲料加工车间，必须设置专用通道。饲料仓库日常主要储备精饲料、预混料、干草或农作物秸秆，通常情况下需保证 3 个月的饲料供给，冬、春季应更多囤积以备不时之需。储备饲料与地面间应铺设木板架以改善通风，尽量避免饲料与地面直接接触，做好防潮处理，防止储备期间饲料或草料发生霉变。此外，饲料仓库需准备苫布等防雨、防水材料，以应对突发性天气变化。

6. 青贮窖　青贮窖是最常用的一种青贮设施，视养殖场规模不同，青贮窖的大小设计也各有不同。按位置分为地上式（图 9-3）、半地下半地上式和地下式三种，实际生产中多采用半地下式设计。青贮窖多采用长方形坑槽设计，三面环墙，无顶棚。地下或半地下式青贮窖入口处设计缓坡，便于青贮运输。青贮窖以砖石砌成，水泥抹平四壁及地面，需作防渗处理以使其保持良好的密封性。青贮窖墙壁高度通常设计在 2.4～4.8 m 范围内。一般情况下推荐最小青贮窖深度为 2 m，宽度为 4.8～6 m，否则难以达到良好的发酵效果。宽度高度比可用于衡量青贮窖表面积与体积的比，外表面过大，贮存期间会使氧气水分与青贮饲料的接触概率增加，导致发酵效果变差，一般情况下推荐宽高比为 5。青贮窖容量需按照养殖规模和采食量来确定，以千头规模化舍饲羊场为例，单头平均体重 25 kg 的绵羊日采食青贮量为体重的 3%～5%；以 5% 的采食量为准，则羊场年需青贮量 450 t，每立方米青贮料约重 0.6 t，则青贮窖

图 9-3　地上式青贮窖

容量大约需要 750 m³。青贮窖应修建在羊舍附近，靠近饲料加工车间并设计专用通道，以最大限度地减少受污染的可能性。

另外，普遍使用的青贮制作方法是打包青贮，使用专用设备将新鲜玉米秸秆压缩至 0.5 m³，用塑料薄膜缠绕密封制成青贮包。打包青贮的优点是易于运输和贮存，开包即用，减少浪费。除使用机器压制外，也可考虑自制。将青贮饲料装填进密封的塑料袋，压紧排出空气，扎紧袋口，堆放在圈舍内即可。推荐使用长 120 cm、宽 50 cm 左右的塑料袋，但需注意塑料袋厚度应在 0.1 mm 以上，不可使用再生塑料，且注意防鼠防虫。小型养殖场或个体养殖户可考虑使用打包青贮。

7. 药浴池　为防治体外寄生虫病引发的皮肤疾病，每年需定期为羊群进行药浴。药浴池是最为常用的一种药浴设施。通常设计成长条形沟槽，浴池入口处和出口处设计缓冲斜坡，当进行药浴时可确保羊群逐头通过，快速进出。池深 0.8～1 m、长 5～10 m、宽 0.6～0.8 m，药浴池的液面高度应以不淹没羊头部为准，这是一般规模化羊场的基建设施。小型养殖场或个体养殖户可使用小型药浴槽或浴缸。农户小型羊场药浴池一般可修建在羊舍周围，长 1～1.2 m、宽 0.6～0.8 m、深 0.8 m。浴槽底部和两侧墙壁以砖石垒砌，分别用水泥抹平，并作防渗处理。特别需要注意的是，药浴池应设置专用的排水管道，避免对饮水与饲料造成潜在的污染风险。此外，也可用防水性能良好的帆布加工制作药浴池。帆布缝制成梯形口袋，上边长 3.0 m、下边长 2.0 m，深 1.2 m，四角固定套环。使用前按帆布口袋的大小和形状挖一个土坑，然后放入帆布口袋，四边的套环用铁钉固定，加入药液即可进行药浴。用后可将帆布口袋洗净、晒干。该方法占地面积小、简便易行，帆布口袋可反复使用。

对于经济实力较强的大中型规模化养羊场，可专门建造药浴厂房并安装药浴设备，通过自动化设备对羊群进行喷淋药浴。该药淋装置由机械和建筑两部分组成，圆形淋场直径为 8 m，可同时容纳 250～300 头羊药浴，能实现大规模、自动化药浴处理。

8. 给排水设施　大多数羊场远离城镇，出于成本考虑很少利用城镇给水系统，通常都需要独立水源。一般情况下，由场方自行钻井并建设相应的给水设施。对于规模化羊场而言，给水设施应包括地下水井、水塔、贮水池和供水管道 4 个部分。水源所在地应与羊舍和粪便堆放场所保持一定距离，防止粪污造成饮用水污染。给水设施主要满足生活、生产用水，包括人畜饮用、圈舍冲洗。为方便管理和节约用水，建议羊舍和运动场内应设置恒温自动饮水槽或鸭嘴式自动饮水器。

排水系统由排水管网、污水处理站、出水口组成，排水分类包括雨水、生活污水、生产污水（粪污和清洗废水）。建议采用分流排放方式，即生产、生活污水和雨水分别采用独立的排水系统。生产与生活污水采用暗埋管渠，将污水集中排至场区的粪污处理系统；专设雨水排水管渠，避免雨水与生产、生活污水混排。建议羊场内的排水系统设置在道路两旁及运动场周边，采用斜坡式排水管沟，以尽量减少污物积存及被人畜损坏。考虑到整个场区的环境卫生和防疫需要，生产污水一般应采用暗埋管道排放。暗埋管道排水系统如果超过200 m，中间应增设沉淀井，以免受污物淤塞，影响排水。

9. 兽医室　兽医室一般划分为药品储藏间和操作间，要求房屋布局合理，通风、采光良好，装有供水和排水管道，墙壁和地板应使用非易燃的防水材料，易于消毒处理且耐酸、耐碱、耐有机溶剂等。药品储藏间主要用于药品存放，必须配备低温冷藏和冷冻设备，保证药品在长期保存期间不变质。建议千头规模羊场药品储藏间面积不小于 15 m^2。操作间主要用于剖检、手术、病原微生物检测，因专业性强且存在病原扩散风险，所以必须配备冰柜、显微镜、手术器械、超净工作台、通风橱和必要的消毒处理设备。建议千头规模化羊场操作间的面积不低于 30 m^2。

10. 人工授精室　大中型规模化羊场应配有人工授精室，可划分为采精室、精液处理室和输精室。各操作室的面积为：采精室 8～12 m^2，精液处理室 8～12 m^2，输精室 20 m^2。人工授精室应严格保持清洁卫生，要求保温性、采光良好，易于消毒。

第三节　阿勒泰羊羊场环境控制

一、环境调控

优良的养殖环境对于舍饲绵羊或山羊的生长发育、生产性能、繁殖性能至关重要，可减少疫病发生概率、提高肉毛产量、缩短出栏时间、降低养殖成本。但由于生产管理和羊群活动基本都集中在舍内，而养殖密度又相对较高，羊排放的粪尿、代谢产生的热量会导致舍内温湿度随之升高，尤其在通风不良的夏季，这种情况更为严重，常会引发热应激综合征。此外，发料、圈舍清扫、羊只运动及粪尿分解均会导致圈舍内产生大量粉尘、有害气体和臭味物质。长期处于这种恶劣的环境中，羊群的生产性能和饲养管理人员的健康都会受到不利影响。因此，强调羊场环境控制具有重要的生产意义和经济意义。

（一）采光设计与调控

光照是养殖环境中不可缺少的重要因素，以太阳为光源，通过门窗使阳光以直射或散射的方式进入羊舍，称为自然采光。充足的阳光照射能够防潮、消毒、增加舍内温度，降低密集型养殖带来的疾病风险，有利于羊群健康。自然光照量取决于羊舍朝向、门窗面积、舍内反光设计、入射角与透光角的大小、当地气候条件等多种因素。采光设计的目标就是通过合理布局采光窗的数量、面积和位置，最大限度地实现羊舍的采光充足和均匀。

1. 羊舍朝向选择　羊舍朝向的选择与当地纬度、环境、气候等因素有关。适宜的朝向可以合理地利用太阳辐射能，避免夏季过多的热量进入舍内，而冬季则能最大限度地允许太阳照进舍内，以提高舍温。此外，羊舍朝向还要综合考虑当地主导风向，尽可能最大限度地利用自然通风。羊舍要充分利用场区的地形和地势特征，确保具有合理的朝向，满足采光、通风要求。

2. 羊舍窗户设计　羊舍窗户的面积、高度、形状和数量是影响舍内采光的关键因素（图9-4）。

图9-4　羊舍采光效果

（1）窗户面积　根据舍内地面面积计算窗户面积和透光面积，可通过采光系数计算。采光系数是指窗户的有效采光面积与地面面积的比值。成年绵羊舍采光系数为 1∶（15～25），羔羊舍为 1∶（15～20）。

（2）窗户高度 需要通过入射角和透光角计算。入射角为羊舍横截面上地面中央点到窗户上缘所引直线与水平线夹角，通常不低于 25°；透光角为羊舍横截面上窗户上下缘与地面中央点间连线的夹角，通常不小于 5°。

（3）窗户数量、形状 为了均匀采光，在总采光面积一定时可减小每扇窗户面积，增加窗户数量来改善舍内光照均匀度。可根据羊舍跨度大小选择高度大于宽度的立式窗或宽度大于高度的卧式窗，长宽比不同使窗户横纵向透光的均匀性、通风和保温效果有所区别。方形窗户的光照、通风和保温效果则介于两者之间。

（4）舍内反光 羊舍内墙壁和顶棚的质地、颜色对采光效率的影响也较大。白色反光最强，黑色吸光最强。通常情况下，羊舍墙壁和顶棚要表面光滑、平坦，建议粉刷成白色，利于提高舍内的光照强度。

3. 羊舍间距 羊舍之间的排列要满足一定的距离要求，若距离过远，则浪费有限土地资源，不便于管理；距离过近，则会干扰到羊舍之间的采光、通风、防火和防疫。羊舍的采光间距通常根据当地的纬度、日照要求及羊舍檐高进行计算。在我国大部分地区，当舍间距离达到檐高的 3～4 倍时可基本满足光照需要。此外，还可根据通风要求确定羊舍间距，应确保处于下风向羊舍在相邻上风向羊舍的涡风区外，这样可避免上风向羊舍排出的污浊空气影响下风向羊舍。当羊舍间距为檐高的 3～5 倍时，可满足羊舍通风排污和防疫的要求。

（二）温湿度调控

规模化饲养条件下，羊舍内空间有限，而养殖密度较大，夏季舍内易形成局部高温环境，绵羊或山羊容易产生热应激，同时舍内粪尿水分蒸发会增加空气湿度，很可能引发疫病；而冬季由于羊舍密闭，通风不良又可能导致有害气体浓度（主要为氨气和硫化氢）累积增加，严重时可能损伤呼吸道、视力等，并诱发传染性疾病。羊舍的结构设计和朝向选择可有效利用自然风调节舍内温湿度和空气质量，但受天气变化影响，调节作用有限，因此必须借助机械通风调节舍内温湿度和空气质量。以下主要针对规模化养殖场介绍几种实用的羊舍内机械通风降温。

1. 风机通风系统 采用通风系统可排出羊舍内过高热量，控制舍内湿度和有害气体浓度，改善舍内空气质量。在夏季，受热传导效应影响舍内温度高于舍外环境，通风系统除排出舍内热量外，还能增加动物体表对流散热。人工气候条件下的研究表明，当环境温度为 35 ℃、风速为 0.25～0.5 m/s 时，动物蒸发、辐射和对流散热基本相当；当风速为 1 m/s 时，对流散热增加到 60%，蒸发和辐射散热分别降至 24% 和 13%，降温效果明显。常见通风系统分为密闭式纵向通风和混合风机通风。纵向通风系统结构简单，由进气口和轴流负压风机组成。该系统中风机通常安装在舍内一端侧墙上，进气口设计在对面墙上，进气口面积和风机功率需参考舍内空间大小选择。系统启动后，空气从进气口进入纵向穿过羊舍，产生的较高风速可有效带走过多热量并改善空气质量，是非常有效的通风措施。混合风机通风系统由混合风机组成，其安装角度和位置以使舍内动物饲养层面产生高风速为准，可以水平、垂直或以一定的倾角安装，使用风机的数量可参照风速断面面积和羊舍面积计算。

纵向通风只适用于密闭式羊舍，如是开放或半开放羊舍则必须进行密闭改造，否则不能取得通风降温效果。该系统结构简单，容易安装维护，且舍内空气交换充分，气流分布均匀。混合风机通风既可用于非密闭式自然通风羊舍，也可用于封闭式羊舍；气流在舍内分布均匀度不如纵向通风，可能存在死角；投资和运行成本略低于纵向通风系统。

2. 湿帘/湿墙通风系统　湿帘/湿墙通风系统是一种蒸发降温系统，该系统将湿帘/湿墙安装在密闭羊舍的一侧墙上，风机安装在另一侧墙上。当系统运行时，风机排出舍内空气并产生一定负压，迫使室外较干燥空气经过多孔湿润的湿帘/湿墙表面进入羊舍，通过湿帘/湿墙表面水分进行热交换，从而降低进入羊舍的空气温度，风速越大降温效果越明显。湿帘/湿墙通风系统技术成熟，生产中应用较为普遍；所用设备相对简单、容易安装、运行稳定且使用寿命较长；降温均匀、效率高且能耗较低。湿帘/湿墙通风系统主要由湿帘/湿墙、循环水系统和风机组成。

湿帘箱体由湿帘纸垫和框架组成，纸垫是由吸湿性较强的牛皮纸、刨花、泡沫塑料和竹丝等压成的波纹纤维制成；箱体四周的框架可由 PVC、铝合金或不锈钢等不同材料制作，主要对其起支撑和保护作用。湿帘制作和组装的具体要求及参数可参考《湿帘降温装置标准》（JB/T 10294—2001）。湿墙可由黏土砖或普通红砖垒砌成蜂窝状墙壁，或直接用蜂窝状空心砖垒砌。湿帘/湿墙的循环水系统由水箱、泵、箱体顶部的布水管和箱体下的集水槽组成，可保持湿帘/湿墙处于湿润状态。布水管通常为硬质塑料管，管体上布满均匀的小孔，对于 100 mm 厚度湿帘，布水管水量应保持在 110～120 L/h。集水槽用来回收未蒸发的水分，收集的水经过 50 目网筛过滤后进入水箱循环利用。风机的选择要根据羊舍通风量确定，实际应用中一般选择动压较小、静压适中、噪声较低的轴流风机。

（三）不良气体的调控

规模化羊场以舍饲为主，粪尿均排泄在舍内，在微生物分解和发酵作用下，容易产生有害气体和恶臭物质。其中，氨气、硫化氢、3-甲基吲哚等是最主要的有害气体和恶臭物质来源，对舍内外空气造成严重污染。这一现象在冬季尤其明显，为了防风保温，羊舍通常处于密闭状态，通风不良，导致舍内氨气和硫化氢浓度严重超标，容易对皮肤、呼吸道、眼睛等部位造成灼伤。舍内空气中的有害气体对羊健康的影响是具有积累效应的，即便浓度很低也会影响生产力。因此，控制舍内有害气体累积、改善空气质量具有重要的生产意义。一般而言，除通风调节外，还可采取以下措施改善舍内空气质量。

1. 粪尿分集清理　在羊圈地下修建排尿沟，快速排出尿液、冲洗水，有利于粪便保持干燥，固体粪便每日清理，防止在舍内积存和腐败分解；羊尿及冲洗圈舍污水可入排尿沟，汇入污水池，以有效减少有害气体和恶臭物质的产生。

2. 加强保温和防潮　羊舍处于潮湿状态会导致大量氨气和硫化氢被吸附在墙壁或棚顶等砖石和木材结构表面，即便通风也无法将其排出，被吸附的有害气体会长期保持一种缓释状态，因此需要加强羊舍防潮处理。羊舍搭建时应采用防潮材料；保持羊舍内良好的采光与通风，抑制微生物的发酵，有利于粪便快速干燥和不良气体的去除，可大大减少舍内氨气和硫化氢等的产生。

3. 使用垫料或吸附剂　圈舍内铺盖垫料或吸附剂可吸收一定的有害气体，从而达到除臭、控制污染物的目的。目前，常用的垫料或吸附剂包括锯末、黄土、沸石、膨润土、海泡石和硅藻土等。

4. 进行场区绿化　绿化植物对有害气体具有较好的净化效果。一些植物，如大豆、玉米、向日葵和棉花等可从空气中吸收利用氨气满足生长过程中对氮素的需求，从空气中吸收氨气的量可以占到总需氮量的 10%～20%。因此，在羊场内及周围种植具有吸收作用的植物可有效吸收氨气，缓解空气污染。

二、羊场废弃物无害化处理

绵羊和山羊养殖生产过程伴随着大量废弃物的产生，最主要的问题就是如何对粪污和病死羊进行无害化处理。这些在生产过程中产生的废弃物是养殖业对环境造成污染的主要来源，尤其是固体粪便不能及时处理和消纳的情况下，堆放会产生恶臭气味和温室气体（甲烷与氧化亚氮），同时传播病原微生物，对水体、土壤和空气等环境造成极大的污染，成为危害人畜健康的安全隐患。尽管养殖废弃物危害较大，但也具有利用价值，经过科学的加工处理后既可转化为高效的肥料，也可以提供能源。因此，必须采取适当的措施对废弃物进行无害化处理和资源化利用，是否能得到合理、有效的处理利用也关乎养羊业自身的健康发展。

（一）粪便无害化处理技术

粪便处理设施是现代集约化羊场建设必不可少的项目，其规划设计的目的是进行粪便处理与综合利用，从建场开始就要统筹规划。粪便处理设施的设计因处理工艺、投资额度、气候环境和处理目标的不同而形式多样，但其主要的规划内容应包括：收集和运输、处理场布局、处理设备选型与配套、处理工程的选择和建设。以下对当前不同规模羊场常用粪便处理技术和工艺进行简要介绍。

1. 自然发酵处理 在气候较为干燥的地区，通常在羊圈内或运动场内填撒锯末，这种处理方法可使羊粪堆积到 20～30 cm 仍然保持干燥，而干燥羊粪作为垫料有利于羊舍的冬季保暖，到了春季可采用机械和人工的方法清理这种干粪，育肥羊舍可在羊出栏时集中清理。干燥的羊粪经过羊群的踩踏和躺卧可层层叠加形成"羊板粪"，羊板粪在圈舍内可进行简单的厌氧发酵，清理后直接还田作为其他农作物的肥料利用。这种方法较为简单、可操作性强、成本低，但仅限于小规模养殖场采用。

2. 生物堆肥 生物堆肥是最主要的粪便处理工艺之一。通过向粪便中添加适当的生物菌剂，经过合理堆肥发酵后，待有益微生物扩繁，最终让粪便转变成完全脱臭、无菌的有机肥料。与传统肥料相比，生物堆肥的主要优势在于：①粪便经过处理后完全腐熟，施到地里后，不会因二次发酵而产生烧根烧苗现象，使用安全。同时，粪便经过充分腐熟后，并无恶臭，如果制成颗粒的话，还可以进行机械施肥，快捷方便。②生物有机肥是采用微生物发酵工艺制作的，因此在发酵过程中会伴随产生大量具有特殊功效的代谢物质，如抗生素等，能够有效抑制细菌的传播，增强农作物的抗病能力。③生物堆肥的生产周期相对较短，微生物的发酵作用可将一些难以被利用的物质转化为速效养分，施用后具有防止土壤板结、酸化的效果。目前，常用的生物堆肥制造工艺分为静态堆肥工艺和动态堆肥工艺。

（1）静态堆肥工艺　自然堆积是最主要的一种静态堆肥方式，是将粪便简单堆积在堆肥池中，粪便在好氧微生物的作用下发酵分解，产生的高温同时灭杀掉虫卵和病原菌，一般不需要翻堆（图9-5）。该方法最显著的特点就是操作简单，投资相对较少，对于小型的养殖户比较适用。与之相比，通气型堆肥是一种更适于规模化羊场的生产方式，但需要修建堆肥厂房，堆肥池底部需布置通气管路。该方法需要定期搅拌翻堆，一次发酵处理时间短、效果好、处理量大。实际生产中，在通气堆肥池内完成一次处理后，再将一次堆肥转入普通池中进行二次处理或储存，极大地提高了粪便处理的效率。

图9-5　静态堆肥现场

（2）动态堆肥工艺　动态堆肥分为开放式和密闭式两种方式。开放式堆肥主要在发酵槽的上方配有行走式搅拌机装置，以对堆肥原料进行实时搅拌，每搅拌一次就将堆肥原料从投料口向出料口搬运一定距离，整个过程处在动态和连续的状态中（图 9-6）。密闭式堆肥是将堆肥原料连续投入到一种纵式或横式的圆筒状密闭发酵装置中，通过发酵槽自身旋转或内部搅拌装置混匀原料并完成发酵。动态堆肥工艺主要适用于大型养殖企业，以先进的工艺和设备为支撑，高效生产有机生物肥。

图 9-6　动态堆肥搅拌现场

（3）堆肥工艺流程及参数　现代化堆肥通常采用好氧工艺，机械化程度高、处理量大，能满足无害化处理的需求。堆肥通常包括前处理、一次发酵、二次发酵及后续加工和贮存等环节。以常用静态堆肥为例，主要生产流程如下。

① 前处理　这一过程的主要目的是对粪便含水率和碳氮比进行调节，同时除去混在堆肥原料中的石块、绳子等杂物，避免影响后续流程。常用堆肥辅料以锯末、麦麸、玉米秸秆和花生壳粉等为主，作用是为了有效调节粪便含水率和碳氮比，使发酵物的通透性进一步增强。以玉米秸秆作为辅料时，要将其切成长 5~10 cm 的小段，便于搅拌。含水率是否合适可用如下准则判断：抓一把堆肥原料握成团后，以指缝见水却不滴水为准。如果滴水则说明含水率过高，应继续加入适量的麦麸或者农作物秸秆等；如果指缝不见水，则说明含水率过低，应适量补充新鲜粪便或水。

② 一次发酵　通常情况下，将粪便转移到特定的发酵池或发酵槽内进行一次发酵，同时通过翻堆搅拌和向堆体强制通风促进好氧微生物的代谢活动。

由于堆肥原料、空气和土壤中存在大量微生物，因此堆体可快速进入发酵状态。在此过程中，好氧微生物分解有机物产生大量热量促使堆体温度升高，同时灭杀绝大部分寄生虫虫卵和病原菌。发酵初期中温微生物是分解有机物的主要菌群，随着温度不断升高，嗜高温菌群逐渐成为分解有机物的主力，并促使堆体温度保持在 $55\sim65\ ℃$。需要注意的是，为了保证透气、散热和均匀腐熟，在堆放 3 d 后要翻堆一次；发酵 $7\sim10$ d 后，堆体内部温度会逐渐降低，直至 $50\ ℃$ 以下。堆体温度由开始上升转到开始下降的这一阶段称为一次发酵阶段，为了保证堆肥效果和无害化处理效果，这一阶段至少维持 10 d 左右。

③ 二次发酵 一次发酵完成后将堆肥产物转移至普通发酵池或发酵槽进行二次发酵，促进未分解完全或难分解有机物进一步分解，从而逐渐转化为完全腐熟的堆肥产品。二次发酵的堆体高度一般为 $1\sim2$ m，每隔 $1\sim2$ 周需进行一次翻堆。二次发酵时间的长短主要取决于粪便特性，当堆体内部温度降至 $40\ ℃$ 以下时二次发酵结束，此时达到腐熟标准，可进行堆肥风干和后续加工。

④ 堆肥产品的处理加工 腐熟堆肥风干后呈松散的粉粒状，不易保存和运输。通常可采用造粒机对堆肥产品进行加工处理，目前国内常用的堆肥加工处理设备可分为对辊式挤压造粒机和圆盘式挤压造粒机两种。造粒机将堆肥压缩加工成圆球或圆柱状。造粒后进行摊晾，含水率控制在 10% 左右，之后再进行扑粉处理，以改善颗粒表面的物理结构。扑粉常用黏土、钙镁磷肥、石膏粉或滑石粉等。通过上述步骤制成的颗粒肥料便于包装保存和运输，同时不影响肥效。

(二) 养殖污水处理

养殖污水主要来源于家畜排泄物及圈舍冲洗用水，污水中悬浮物、化学需氧量和氨氮浓度高、有臭味，还可能存在重金属、兽药、动物激素等污染物质。此外，受养殖管理模式、防疫状态和季节变换的影响，养殖污水的水质和排量也会有较大的波动。这些生产过程中产生的污水如果在未得到有效处理的情况下直接排放到外界环境中，将汇入地表水或渗入地下水体，导致饮用水源被污染。针对养殖过程产生的污水水质特征，目前用还田处理、生态处理和工业化处理是比较常见的几种方式。

1. 还田处理 养殖污水简单的处理方法就是还田处理。畜禽养殖废水中含有大量有机碳、氮成分，可补充农作物生长所需的营养物质。对养殖场污水进行简单处理后直接灌溉农田，可改善农田土壤肥力，实现废物再利用的目的。我国在 20 世纪 90 年代前基本都采用这种方法处理养殖污水，在广大农村地区和分散养殖区此方法效果较好。但随着规模化养殖场的建立，污水产生量越来越大，已远远超出了当地农田施肥灌溉的消纳能力。另外，采用污水还田利用模式，畜禽养殖废水中含有的大量抗生素和微生物病原体也有可能对农田生态环境造成污染，同时引发公共卫生安全风险。目前，养殖污水还田在我国养殖业快速发展的情况下难以单独发挥作用，需要结合当地种植特点，养殖场污水贮存和处理工艺，探索多渠道、多模式的组合应用技术。

2. 生态处理　指利用自然生态系统对养殖污水进行处理，目前应用较多的是氧化塘和人工湿地系统两种处理方式。氧化塘处理主要利用自然池塘或人工池塘贮存污水并进行处理，其对污水的净化过程和天然水体的净化过程相近，是一个菌藻共生的生态系统。氧化塘处理污水时，污水在塘内停留时间很长，有机污染物可被水中的微生物代谢降解，根据氧化塘中的溶解氧含量可分为厌氧塘、好氧塘和兼性塘。在实际应用中，大多数均属于兼性氧化塘，同时进行厌氧和好氧反应。氧化塘上层藻类光合作用较强，溶解氧充足，而藻类光合作用所需的二氧化碳则由细菌分解水中有机物提供；污水中固形物沉积在塘底构成污泥，在厌氧状态分解产生沼气。氧化塘设计应注意以下几点：进水口应设置在水面以下并离塘底一定高度，避免进水时冲起污泥；氧化塘的进出水口之间直线距离应尽可能大，确保污水在塘中停留处理时间足够长；氧化塘在投入使用之前要做好防渗处理，避免污染物渗入地下水系统。

人工湿地是模仿自然状态湿地人为设计建造的，介于水生系统和陆生系统的一种生态系统，其内部的基质、微生物、湿地植物和动物通过过滤、沉淀、吸附、离子交换、微生物同化作用和植物吸附作用对养殖污水进行净化。该系统的处理效果良好，氮、磷的去除率分别可达 60% 和 90% 以上，运转维护方便、处理成本低。人工湿地设计时不仅要考虑不同水力负荷、有机负荷、结构形式、布水系统、进出水系统、工艺流程和布置方式等影响因素，而且要考虑栽种的植物品种，应尽可能增加人工湿地系统的生物多样性。生态系统中物种越多、组成结构越复杂，系统对外界的干扰抵抗能力越强，湿地的处理效果也就越好。通常用于人工湿地的植物有芦苇、大米草、水花生和稗草等。

3. 工业化处理　分为物化处理和生物处理。物化处理有吸附、磁絮凝沉淀、电化学氧化等方法。吸附是用沸石等介质来吸附养殖污水中的污染物；

磁絮凝沉淀是向废水中投加磁粉和化学絮凝剂，通过分离反应来去除污染物；电化学氧化则是让污染物与投加物质之间发生电化学反应的方法。物化处理对污染物的去除率相对较低，成本较高，因此目前未在养殖场中普遍推广应用。

与物化处理相比，生物处理则是目前处理养殖污水的最常用方法，占地面积小、周期短、成本适宜、处理效果较好，适于大量污水处理，不受地域、气候等因素的干扰。生物处理分为好氧处理、厌氧处理及混合处理。

（1）好氧处理 指在人工供氧条件下利用好氧微生物的代谢作用氧化分解污水中的有机物，达到去除污染物的目的。经过好氧处理后，有机污染物最终可被完全氧化处理成简单、无害的无机物。该方法主要包括：传统活性污泥法、生物滤池、生物转盘、生物接触氧化、序批式活性污泥等。好氧生物处理工艺是城市污水及有机性工业废水的主体处理技术，也广泛用于处理集约化养猪污水，但采用好氧工艺处理污水需要较长的水力停留时间，因此增加了设施建设和工艺运行成本。

（2）厌氧处理 20世纪50年代发明了厌氧接触法工艺，此后厌氧滤器和上流式厌氧污泥床的发明推动了以提高污泥浓度，优化污水、污泥混合效果为基础的一系列高负荷厌氧反应器的发展，并促进其在养殖污水处理中的应用。厌氧处理特点是造价低、占地少、能够产生沼气，同时将好氧微生物无法降解的部分有机物进行充分降解。常用的方法有：完全混合式厌氧消化器、厌氧接触反应器、厌氧滤池、上流式厌氧污泥床、厌氧流化床、升流式固体反应器等。目前国内养殖场污水处理采用上流式厌氧污泥床或升流式固体反应器工艺较多。

（3）混合处理 养殖污水特性复杂，有机负荷及氮磷含量均较高，上述的自然处理法、好氧和厌氧处理法各有优缺点和适用范围，采用单一处理工艺很难获得理想的处理效果，因而采用多种工艺的优化组合进行复合处理可取得较好的效果。这种方式能以较低的处理成本，取得较好的效果。物化处理工艺作为预处理与生物处理工艺结合是最常用的组合方式。

（4）膜生物反应器 膜生物反应器是由膜分离与生物处理相结合的生物化学反应系统。膜生物反应器利用膜组件代替传统生物处理系统中的二沉池，利用膜组件进行固液分离，将污泥截流在反应器内。该技术综合了膜分离与生物处理的优势，不仅可以最大限度地去除悬浮物，同时可以通过膜分离将二沉池无法截留的游离细菌和大分子有机物阻隔在生物池内，从而大大提高了反应器内的生物浓度，提高了有机物和氮、磷的去除率。相对于常规的生物处理，该系统的主要优点是：出水稳定，污染物去除率高，处理水质好，出水可直接回用；处理水浊度低，大部分细菌、病毒被截留；工艺结构紧凑，易于实现自动化，占地面积小；系统能够在高容积负荷、低污泥负荷下运行，污泥产量小，易于维护管理。近年来，膜生物处理已经逐渐应用于不同畜种的养殖污水处理。

（三）病死羊尸体无害化处理

集约化羊场养殖数量多、密度高、羊活动空间有限，受疾病、分娩、管理或气候变化等原因的影响，羊的死亡情况是不可避免的。养殖场的畜禽死亡率通常为5%～10%，遇到重大疫情时死亡率会进一步升高。相对于粪便对环境的污染，病死羊可能携带大量的病原微生物，如果不采取及时有效的处理，可能存在疫病传播扩散的风险。染病死亡的成年羊或羔羊禁止流入市场，应立即隔离处理，避免引起疾病蔓延，因此及时、高效、低成本的病死羊处理技术是解决问题的关键。

我国对病死畜禽的无害化处理主要采用焚烧、深埋或堆肥等方法。深埋和焚烧占用额外土地资源，容易造成空气或水土污染，只有在大规模疫病暴发时才作为辅助措施采用；堆肥处理效果好，但技术性强，且依赖于使用重型设备。以下将对病死羊的常用无害化处理技术进行简介。

1. 焚烧处理　又称氧化燃烧，是利用高温焚烧炉将病死羊的尸体进行焚化处理的常用方法。该方法可避免污染土壤及地下水，但会产生臭气，且消耗能源较多，处理成本偏高。焚烧处理是目前国内外比较先进的一种处理方法，通常用于严重危害人畜健康的口蹄疫、瘟疫、炭疽、高致病性禽流感等病死动物尸体的处理。尽管焚烧处理效果良好，但其投资、操作和维护成本较高，会增加气体污染物的排放，影响大气环境和公众健康。焚烧炉一般应建在远离公共场所的地方，周边要设置防火带，并且不能位于上风口。

2. 深埋处理　深埋处理是指将病死羊尸体进行掩埋处理，利用土壤的自净作用使其资源化。深埋应选取地势较高、地下水位较低、土壤渗透性差且处于下风口的地点，必须远离生产区和居民区。深埋坑一般可分为直边坑和斜边坑两种，坑的大小取决于病死羊的处理量，坑底和尸体上方覆盖石灰灭菌，填埋土层一般约2m厚。深埋处理简便易行、成本低，有助于提高土壤肥力，目前还在广泛应用；但其处理过程缓慢，某些病原微生物可能难以灭杀，防渗处理不到位可能会对土壤及地下水造成污染。在发生疫情时，为迅速控制疫情、防止扩散，或一次性处理病死羊较大时最好采用深埋的方法。深埋处理不适用于患有炭疽、芽孢杆菌等类疫病的死畜。

3. 堆肥处理　堆肥是一种传统的发酵处理方法，在堆肥过程中病死羊被微生物分解，同时发酵产生的高温环境可杀死病原微生物，从而实现对病死羊的无害化处理。该方法在美国、日本和欧洲被普遍应用，堆肥处理后的产品可用作优良肥料使用。病死羊的堆肥处理过程一般分为两个阶段：第一阶段病死羊尸体和堆肥辅料（秸秆或锯末）分层放置；第二阶段完全混合堆肥辅料和病死羊残骸。两阶段的堆肥处理完成后，病死羊可基本被分解完全，最终的堆肥产品可直接用作肥料。病死羊堆肥是多种微生物在适宜条件下分解有机物的生物降解过程，其降解效果受到多种因素影响，其中温度、通风、含水率、碳氮比和pH是最重要的调控参数。这些因素对堆肥可起到直接的控制作用，间接影响病死羊尸体的无害化处理效果。目前，常用的堆肥处理系统主要包括条垛式堆肥系统和箱式堆肥系统。

（1）条垛式堆肥系统　条垛式堆肥系统属开放式堆肥，是将原料混合物堆成长条形的条垛，在好氧条件下通过微生物进行降解的一种处理方法。条垛的宽高和形状随原料和翻堆设备的不同而变化，堆肥所需氧气主要通过堆体内热气上升引起的自然通风或翻堆时的气体交换供应，也可进行强制人工通风。条垛式堆肥系统主要分三层：底层为垫料层，材料可以是玉米秸秆、麦秸和锯末等有机物质；中间为病死羊尸体层；上层为覆盖层，材料与垫料层材料要求相同。垫料层的厚度随羊大小变化而变化，小型动物，如鸡、鸭等，垫料层厚度约为30 cm；中型动物，如猪、羊等，垫料层厚度约为45 cm；大型动物，如牛、马等，垫料层厚度约为60 cm。条垛式堆肥系统处理病死羊的技术相对成熟，设备要求简单、投资成本低，堆肥产品腐熟度高、稳定性好。

（2）箱式堆肥系统　箱式堆肥属于反应器堆肥系统，可对温度、通风和水分等条件进行控制，通过微生物的生物降解作用使堆料在部分封闭或完全封闭的堆肥系统内转化为有机物质。与条垛式堆肥系统相比，箱式堆肥系统有很多优点：占地面积较小，受空间限制少，不易受天气条件的影响；可以有效控制堆肥过程中的温度、通风和水分等因素，能提高堆肥产品质量。箱式堆肥处理过程需分别准备两个阶段堆肥箱，第一阶段堆肥完成后，充分混合堆料与病死羊残留物，放入第二阶段堆肥箱中继续进行堆肥。箱式堆肥系统的成本要高于条垛式堆肥，且操作和管理比较复杂。由于堆肥箱大小的限制，箱式堆肥只适合处理小型禽类，以及猪、羊等中型畜类动物，不适合处理大型畜类动物。

（中国农业科学院农业环境与可持续发展研究所刘翀　甘肃农业大学袁玖编写）

第十章
阿勒泰羊开发利用与品牌建设

第一节　阿勒泰羊品种资源开发利用

新疆维吾尔自治区北部的福海、富蕴、青河等县，冬季严寒、漫长，冬季牧场和夏季牧场的牧草中碳水化合物、粗脂肪、蛋白质等营养成分季节性不平衡。千百年来，在社会经济和自然选择下，驯化出了肉脂兼用粗毛羊——阿勒泰羊，在牧草丰茂的夏季高山牧场自由觅食，可在尾部蓄积大量脂肪，在天寒草枯、牧草营养不足时，可维持体内的新陈代谢和热量平衡。阿勒泰羊适应终年放牧，羔羊性成熟早，以其体格高大健壮、肉脂生产性能高、生长速度快、产肉能力强而著称；阿勒泰羊非常适于肥羔生产，肉质细嫩、无膻味。

阿勒泰羊在阿勒泰地区乃至全疆历史长河中，对牧民的繁衍生息起到了非常重要的作用。随着现代畜牧业发展，阿勒泰羊的某些性状已表现出不足，但是在今后几十年阿勒泰地区畜牧产业发展，特别是绵羊品种区域规划中仍具有非常明显的地方特色和品种资源优势地位，因此急需采用纯种繁育方法，保护该宝贵的地方种质资源。在保护阿勒泰羊的同时，通过本品种选育与提高，进一步提高品种质量，保持品种固有特性，克服个别缺点；同时，利用阿勒泰羊产肉性能好的特点，进行经济杂交，充分发挥杂种优势，完善阿勒泰肉羊繁育体系建设，发展阿勒泰地区乃至我国北部寒冷地区的畜牧业经济发展。

一、纯种繁育，培育新品系

在阿勒泰羊地方类群内利用近亲杂交或非近亲杂交，进行纯种繁育。通过选种选配、新品系繁育、改善培育条件等措施，提高阿勒泰羊种羊地方类群生产性能。其目的在于保持和发展阿勒泰羊种群的优良特性，达到保持种群纯度和提高整个种群质量的目的。

在阿勒泰羊纯种繁育的过程中，可按品质将羊群分为三类（图 10-1）：

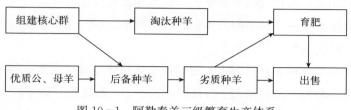

图 10-1　阿勒泰羊三级繁育生产体系

（一）核心群

按照《阿勒泰羊》（NY/T 1816—2009）品种标准鉴定，整个阿勒泰羊地方类群由个体品质最好、遗传性能优良的种羊所组成。另外，羊群中还须保持一定数量的彼此亲缘关系较远的种公羊。

（二）生产群

按照《阿勒泰羊》（NY/T 1816—2009）品种标准鉴定后的合格个体进入生产群，其后代大都供应繁殖羊场或商品羊场。个体性能特别优良的后代，要将其严格选择后再留作后备种羊。

（三）淘汰群

按照《阿勒泰羊》（NY/T 1816—2009）品种标准，对鉴定为品质差的羊进入淘汰群育肥上市处理。

充分利用阿勒泰羊具有耐粗饲、抗严寒、善跋涉、体质结实、早熟、抗逆性强，适于纯牧、半舍饲，体格高大、健硕，生长速度快、长膘能力强、肉质鲜嫩美味、无膻味、肌间脂肪含量高等优良特点开展纯种繁育，按照《阿勒泰羊》（NY/T 1816—2009）品种标准优中选优，培育适合于寒冷地区纯牧、半舍饲或/和全舍饲养殖的屠宰率高、肉质鲜美的节粮型新品种（系）。

按照《阿勒泰羊》（NY/T 1816—2009）品种标准，放牧阿勒泰羊核心群组建基本要求：①外貌特征，符合阿勒泰羊品种特征，一级以上成年羊；②群体要求，按公、母比例 1：（20～25），种母羊数量不少于 200 只；③生产性能，选择性能高或某一性状优异的个体；④亲缘关系、公母个体间、公羊和母羊间三代以内无亲缘关系；⑤无遗传疾病、没有遗传疾病或隐性有害基因携带者；⑥更新比例，选育过程中根据种群数量和亲缘程度需要适当引入无亲缘关系的新的血缘，年更新核心群公羊≥25％、母羊≥20％，所更新的种羊均来自核心群测定后代或新引进种羊。

在阿勒泰羊纯种繁育过程中，对候选个体整体发育情况测定的关键选育阶段包括：出生阶段、断奶阶段、6 月龄阶段、9 月龄阶段、周岁阶段、成年阶段（2 周岁）。

二、以阿勒泰羊为基础母本，培育适应能力强、多胎肉用新品种

将阿勒泰羊、小尾寒羊、萨福克羊和杜泊羊多个品种的多个优良性状通过交配集中在一起，再经过科学选育，培育出肉质细嫩、双羔、生长速度快、无角、遗传性能稳定的适合严寒环境的高繁、节粮型肉羊品种（图 10 - 2）。

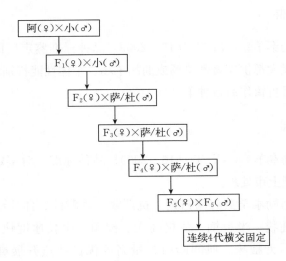

图 10 - 2　多胎肉用萨福克羊（多胎肉用杜泊羊）

注：阿指阿勒泰羊；小指小尾寒羊；萨指萨福克羊；杜指杜泊羊。杜泊羊新品种培育过程中，F_1～F_5 以多胎选择为主，其次是生长发育等。羊群分类和候选个体整体发育情况测定，同培育新品系的纯种繁育。

第二节　阿勒泰羊产品资源开发利用

　　勤劳智慧的新疆各族人民，对羊肉的制作从器具到烹调手段等都十分讲究，毫不浪费地将一只羊用不同的手法做出多样的特色美食，如烤全羊、羊肉串、馕坑肉、烤羊排、孜然风味烤羊腿、烤羊内脏（羊肠、羊肝、羊心、羊腰子）、油包肝（羊肠包上羊肝串起来烤）、烤羊筋、奥特喀瓦甫［哈萨克族一种古老的烤肉方法，将羊羔宰杀后剥皮，去头、内脏、蹄、尾，取颈、胸、前腿等部位的肉切成小块，洗净放到羊肚子（胃）里，仅放稍许盐水，把羊肚子扎紧埋在火堆下，烤 4～5 h 即熟］、哈克塔汗叶特（哈萨克族一种古老的烤肉方法，用羊胸部的肉，烤时只撒些盐，不撒其他调味品，等到烤焦时即可食用，味道鲜嫩可口，令人垂涎欲滴，哈萨克族常用羊胸部的肉来招待女婿）；胡辣羊蹄、缸子肉、手抓肉（哈萨克族称"纳仁"、塔吉克族称"乌尔西"）、库尔达克（哈萨克族的一道炒肉的菜肴，将新鲜羊肉、洋葱切丁，用新鲜羊尾油炒，放些盐后再用大火爆炒，10 min 左右即熟，鲜嫩、爽口）、烩羊杂、涮羊肉（回族称"涮锅子"）、盆盆肉、羊肉汤（柯尔克孜族称"肖尔帕"）、面肺子、葱爆羊肉、红烧羊肉、炖羊蹄、羊肉手抓饭、清炖羊肉、新疆烤羊肉串饭、羊肉大包、卤羊肉、孜然羊肉等。

　　充分挖掘"阿勒泰羊"品牌和草原羊文化，发挥阿勒泰羊资源优势，通过 ISO 19001 质量管理体系、ISO 14001 环境管理体系、GB/T 28001 职业健康安全管理体系、HACCP 食品安全管理体系、绿色食品、有机食品和出口卫生注册等一系列认证，"阿勒泰羊"借鉴新疆各民族的羊美食文化，开发北疆新的阿勒泰羊的旅游产品和消费者信得过的阿勒泰羊"良心肉"等系列食品如排酸肉、分割肉、羊火腿、羊肉松、风干羊肉、羊肉串、羊杂冷冻与熟制品，面向全国和特定的区域市场进行推广。

一、排酸肉

　　排酸肉，又叫冷鲜肉、冷却排酸肉，是现代肉品卫生学及营养学所提倡的一种肉品后成熟工艺。

　　产地检验合格的活羊，经标准化屠宰场屠宰后，肉品经检疫、品质检验合格后，0～4 ℃下冷却排酸 24～48 h。在 0～4 ℃的冷却间内分割、包装，然后

经 $0\sim4$ ℃的冷藏运输至各个批发点和零售点,再在 $0\sim4$ ℃的冷藏展柜内存放展卖,消费者购买后 $0\sim4$ ℃下保存。整个冷鲜肉的生产过程始终在 $0\sim4$ ℃,形成冷鲜肉特有的冷链系统,各个链条紧密相连不曾间断。

排酸过程可使排酸肉具如下特点:

(1) 长期在 $0\sim4$ ℃条件下,酶的活性和大多数微生物的生长繁殖受到抑制。 3.3 ℃时,病原菌(葡萄球菌、沙门氏菌)就停止繁殖,肉毒酸菌等也不再分泌毒素,肉质不易腐败,保证了肉类的鲜嫩与安全卫生。

(2) 在 $0\sim4$ ℃的冷却环境下,冷却肉表面易形成一层干油膜,能阻止外界微生物侵入与繁殖,同时能够减少肉内水分的蒸发。

(3) 在 $0\sim4$ ℃的冷却环境下,羊肉成熟期的延迟,可使肌肉组织的纤维结构发生变化,肉质更鲜嫩,更易咀嚼和消化,羊肉吸收利用率也高。

(4) 在 $0\sim4$ ℃的冷却环境下的排酸过程中,核蛋白三磷酸腺苷分解最终产生磷酸和次黄嘌呤,使肉的香味增加,经简单烹调,羊肉口感更好,更营养;蛋白质中肌凝蛋白在酶的影响下产生谷氨酸,增加了肉的鲜味和营养,所以冷鲜肉营养更为丰富,肉质柔软、有弹性,烹调时羊肉易熟易烂、口感细腻、多汁味美。

(5) 在 $0\sim4$ ℃的冷却环境下排酸后,羊肉更易切割,而且肉切面有特殊的芳香气味。

待宰的阿勒泰羊,看到同伴被宰后,精神会高度紧张,被宰后胴体温度平均升高 1 ℃。胴体温度降至 30 ℃时,适宜于细菌的生长和繁殖;阿勒泰羊被宰后肌肉组织经历肉的僵直、解僵和成熟等过程,因生化作用产生较多的乳酸,肌肉组织的蛋白质中肌凝蛋白在酶的影响下产生谷氨酸,核蛋白三磷酸腺苷分解最终产生磷酸和次黄嘌呤,增加了肉的鲜味和营养。经冷却、排酸 $24\sim48$ h后,转化成了适宜食用的高品质羊肉。被宰后的阿勒泰羊胴体若不及时经过充分的冷却处理,则积聚在组织中的乳酸会损害阿勒泰羊羊肉的品质。采用适宜的急冷方式贮藏,既可避免细菌滋生,又可减少肌肉中乳酸的沉积。

在经标准化屠宰场将阿勒泰羊屠宰后,自然冷却至常温,将沿脊柱对开的两份胴体送入 $0\sim4$ ℃冷却间,在 $0\sim4$ ℃的环境下,加之合适的湿度和风速,阿勒泰羊羊肉中的乳酸成分分解为 CO_2、 H_2O 和酒精(CH_3CH_2OH),再慢慢挥发,同时肌细胞内的三磷酸腺苷($C_{10}H_{16}N_5O_{13}P_3$)大分子在特定酶的作用下分解为味精主要成分的鲜味物质基苷 IMP。在 $0\sim4$ ℃的环境下排酸 $24\sim$

48 h 的阿勒泰羊羊肉，肌细胞新陈代谢产物被最大限度地分解和排出，羊肉的酸碱度被改变，同时改变了肉的分子结构，最终达到无害化。

与凌晨宰杀、清晨上市的阿勒泰羊热鲜肉相比，在 0～4 ℃的环境下放置 24～48 h 经排酸的阿勒泰羊羊肉，冷却肉表面易形成一层干油膜，外界有害微生物不能侵入羊肉中生长繁殖，肉毒梭菌和金黄葡萄球菌等因 0～4 ℃的环境温度不分泌毒素，阿勒泰羊羊肉中的一些酶发生作用，将肌肉中的部分蛋白质分解成有益于人类健康的氨基酸，同时也排空了血液及占体重 18%～20%的体液，有害物质含量减少，确保了阿勒泰羊羊肉的安全与卫生。与普通冷冻肉相比，经排酸的阿勒泰羊羊肉由于经历了 24～48 h 的较为充分的解僵过程，因此肉质柔软有弹性、烹调时羊肉易熟易烂、口感细腻、多汁味美，且营养价值更高。

阿勒泰羊排酸肉，色泽呈稍暗的鲜红色，无腥味，经烹调后肉质滑嫩可口、多汁味美；富含人体吸收的氨基酸，营养更为丰富，蛋白质易被人体吸收；肌细胞新陈代谢产物被最大限度地分解和排出，不含有害物质，食用特别安全。冷鲜肉于 0～4 ℃冷藏环境中保存，应在 3 d 内吃完。

二、分割肉及其烹饪方法

(一) 粗分割

在我国小型肉羊生产屠宰企业一般按 7 个部位粗分割后上市出售，即羊颈、前脊、后脊、腓排、前腿、后腿和尾龙骨（羊蝎子）。

(二) 细分割

随着生产者和消费者对分割肉营养价值的认识逐步提高，对营养和优质的分割肉的需求也在持续增长。对羊肉进行分级分割，能使羊肉的价值实现最大化；消费者更关注的是健康的、营养的、高质量的、价格合理的分割肉。

羊肉细分割分为中式细分割和西式细分割。

1. 中式细分割　主要包含：羊颈、前脊、羊肩肉、后脊、上脑、里脊、羊蝎子、鞍状背脊、羊排、羊腩、胸口肉、前腿、前腿腱子肉、后腿肉、后腿腱子肉。

2. 西式细分割　主要包含：羊颈排、前脊、前网肩肉、上脑、蝴蝶排、纽约客（太阳卷）、羊菲力、四肋、十二肋、寸羊排、前腿切片、法式羊前腱、后腿切片、法式羊后腱、尾龙扒、烩扒、羊霖、针扒。

（三）分割肉的烹饪方法

1. 羊颈肉　肌肉发达，瘦肉多，兼带肥肉，细筋并存，适合做肉馅、丸子、炖焖。

2. 前脊和后脊　肩部纤维细，口感顺滑，适合炖、煮。

3. 上脑　肉质最细嫩的地方，这里大理石花纹最为明显，具备优质羊肉的特点，适合涮、煎。

4. 蝴蝶排　主要用来香煎，肉质很嫩，极易熟透，也容易入味。

5. 外脊　脊骨外，长条形。外面有一层皮带筋，肌肉细腻、肉质鲜嫩多汁，是分割羊肉的上乘部位。由于出肉率太少尤为珍贵，因此适合整条烧烤或切成块烧烤。

6. 里脊　大家最为熟知的，是全羊身上最鲜嫩的两条瘦肉，鲜嫩多汁、肉质细腻，适于熘、炒、炸、煎等。一直是餐厅中爆炒的食材，作为烧烤原料口味会更好。

7. 尾龙骨　即羊蝎子，按关节切割后就是羊蝎子，涮火锅。

8. 腓排　单骨法排，将法式肋排切成单肋，单个骨棒上连着眼肉。适合烤箱烤制。

9. 寸切羊排　红焖、椒盐都可以。

10. 羊腩　羊肚子肉，肥厚，很受大众喜欢，最为广传的就是西红柿羊腩。适合炖、红焖。

11. 胸口肉　肥多瘦少，无筋，有一定脂肪覆盖，适合烧、焖、扒等。

12. 羊腿　适合各种菜系的焖、炒、烤、炖、水煮。

13. 尾龙扒　位于臀尖的肉，俗称"大三叉"。上部有一层夹筋，去筋后都是嫩肉，可代替里脊肉用。适合中餐和西餐煎、烤、烹、炸。

14. 针扒　肌肉较多，脂肪筋膜较少，肉质细嫩。适合中餐和西餐煎、烤、烹、炸。

15. 烩扒　臀尖下面位于两腿裆相磨处，叫"磨裆肉"，肉质粗而松，肥多瘦少，边上稍有薄筋，宜于烤肉串。与磨裆肉相连处是"黄瓜条"，肉质细嫩，部分地区直接生吃。适合中餐和西餐煎、烤、烹、炸。

16. 羊霖　在腿前端与腰窝肉相近处，有一块凹形的肉，纤维细、紧，肉外有三层夹筋，肉质瘦而嫩，叫"元宝肉"。适合中餐煎、烤、烹、炸和西餐羊扒。

17. 羊腱肉　前腿和后腿腱肉都是一样的，肌肉包着筋，口感紧致，也是最为畅销的。适合酱、炖、卤等，咀嚼感十足。

（四）羊肉的加工与包装

"阿勒泰羊"系列产品的企业，结合不同区域市场消费者的需求，参考《羊肉分割技术规范》（NY/T 1564—2007）和《羊肉加工与质量控制》，针对特定的市场推广以阿勒泰羊羊肉为主的特定部位的食材原料。

三、因地制宜开发羊产品

不同地方消费群体的需求不一样，面向特定地域，以阿勒泰羊羊肉为原料针对特定的消费市场定向生产符合当地消费者口味的阿勒泰羊羊肉产品，如羊肉火腿、腊羊肉、腊羊排、羊肉松、开包即可烧烤的羊肉串、开包即可烹调的羊杂、独具风味的风干羊肉等。

四、尾脂资源

阿勒泰羊属于脂臀型肉脂兼用羊，其臀部脂肪储备得比较多，尾脂重量约占胴体重量的 25%。肥尾脂肪含有价值较高的油酸，而低价值的硬脂酸、棕榈酸、豆蔻酸和月桂酸则含量少。阿勒泰羊肥尾脂肪若不能充分利用，势必造成巨大的浪费，因此应深入挖掘阿勒泰羊肥尾脂肪应用价值。

阿勒泰羊尾脂富含亚油酸和亚麻酸，具有较高的食用价值和药用价值。除食用与药用价值外，尾脂对皮肤亲和性极好，可用来制造皮革保养油、护肤品、化妆品等，充分发挥阿勒泰羊品牌优势，提升阿勒泰羊的附加值。

第三节　阿勒泰羊品牌建设

我国羊肉地理标志认证数量与肉羊产业发展匹配度的计算结果显示，我国各地区羊肉地理标志的认证数量与各地区肉羊产业发展水平基本相匹配，即肉羊产业发展水平高的地区羊肉地理标志的认证数量就多。

2014 年 1 月 15 日，国家工商总局商标网公布了 2013 年注册审定的地理标志证明商标名录，对阿勒泰羊成功注册为全国地理标志产品进行了公告，实现了阿勒泰地区地理标志产品零的突破，为实施地理标志产品保护、提高阿勒泰羊的市场竞争力和附加值、扩大阿勒泰羊知名度起到了积极的促进作用。

"阿勒泰羊"品牌创建主体根据不同市场和特定区域需求，特定的目标组织或区域优势资源，以及当地历史文化特征等，提供富有差异化的系列产品或服务得到了消费者的认可，品牌化效应凸显。"阿勒泰羊"羊肉品牌化的过程就是全面实现羊肉区域化布局、专业化生产、规模化养殖、标准化控制、产业化经营的过程。"阿勒泰羊"品牌化效应指的是品牌化为其使用者带来的经济效益和社会影响。其中，"阿勒泰羊"羊肉品牌化效应是指品牌化为肉羊产业链各利益相关主体、肉羊产业和区域经济带来的经济效益和社会影响。

"阿勒泰羊"羊肉地理标志品牌在原产地外的影响力较弱，品牌效应相对较弱。与众多企业品牌相比，虽然羊肉地理标志使用企业和当地政府部门也投入了较多的人、财、物强化品牌建设，但其市场知名度与小肥羊等企业品牌相比差距较大。同时，"阿勒泰羊"羊肉地理标志品牌保护较弱。

一、品牌建设流程

"阿勒泰羊"品牌建设流程分四个阶段（图 10 - 3）：

图 10 - 3   "阿勒泰羊"品牌建设流程

（一）品牌规划阶段

一个好的品牌规划，等于完成了一半品牌建设。直接参与"阿勒泰羊"经营和"阿勒泰羊"品牌建设的涉农牧企业做规划时，要根据品牌规划、标志（知识产权）、产品或者服务、质量、广告、营销、文化、传播、经营、授权等提出明确的目标，然后制定实现目标的措施。

（二）品牌创立阶段

品牌创立阶段特别重要。品牌创立阶段最重要的一点，就是确立"阿勒泰羊"品牌的价值观。直接参与"阿勒泰羊"经营和品牌建设的涉农牧企业、生产"阿勒泰羊"系列产品的农户、"阿勒泰羊"行业协会、合作社和阿勒泰羊产区政府部门制定的品牌价值观取向应明晰：首先是为消费者创造价值；其次才是创造利益。

（三）品牌培育阶段

由各级政府部门出面，对"阿勒泰羊"系列产品质量标准等方面作出硬性规定，出台一系列的质量标准体系、市场准入制度和市场监管政策等，本着对消费者的关怀和对社会负责的态度，为"阿勒泰羊"系列产品的质量安全和品牌建设保驾护航。

（四）品牌扩张阶段

指运用"阿勒泰羊"品牌及其包含的资本进行发展推广的活动，是"阿勒泰羊"品牌的延伸。"阿勒泰羊"品牌资本的运作、市场扩张等内容，也指"阿勒泰羊"品牌的转让、品牌的授权等活动，包括产业升级及其他相关扩张。

二、品牌建设的原则

"阿勒泰羊"品牌建设应本着以下几个原则：

（一）依靠科技创新

任何一个产业或行业，只有依靠科技创新，才有强大的发展动力。可将生物技术、信息技术和先进的管理技术充分运用到阿勒泰羊生产和经营中去，为"阿勒泰羊"品牌建设提供新鲜活力。据相关数据显示，美国的涉农企业为提高市场占有率，在科技创新方面的投入一般占总销售额的10%左右。有些大公司甚至在他们的农产品品牌建设方面的投入更高，每年高达上亿美元，投资主要集中于农产品的技术研发创新和宣传推广创新方面。

（二）重视广告宣传，加大投入成本

成本投入可以最直观体现一个地区、一个行业和一个产业针对本地域农产品品牌建设所作出的努力。

（三）保证高效的流通渠道

直接参与阿勒泰羊经营和品牌建设的企业不仅自己销售"阿勒泰羊"系列

产品，而且可通过签订的"CEO"签约关系将"阿勒泰羊"系列产品的流通销售转让给更专业的企业来做，甚至形成一种专业化生产营销分离的模式，这使得"阿勒泰羊"系列产品在流通销售和宣传环节都更加专业和正规，"阿勒泰羊"系列产品品牌的建设也更有针对性。

（四）注重产业化经营

指借鉴现代工业管理的办法来组织阿勒泰羊产业的生产和经营。具体指，以国内外市场为导向，以提高"阿勒泰羊"系列产品经济效益为中心、以"阿勒泰羊"系列产品研发的科技进步为技术支撑，围绕阿勒泰羊产业和"阿勒泰羊"系列产品，优化组合各个环节的生产要素，对阿勒泰羊产区经济实行区域化布局、专业化生产、一体化经营、社会化服务、企业化管理，形成以不同市场牵龙头企业、龙头企业带动生产基地、生产基地衔接阿勒泰羊养殖农户和饲草种植户，集种养加工、产供销、内外贸、农牧科教为一体的经济管理体制和运行机制。

（五）加强产品的质量保证

保证"阿勒泰羊"系列产品的质量，以质量为"阿勒泰羊"品牌建设的前提要求。尤其注重在"阿勒泰羊"系列产品质量安全方面的管理，形成完整的产业技术体系和产品生产技术标准。直接参与阿勒泰羊经营和品牌建设的涉农企业要根据市场和企业自身发展的变化，对品牌进行不断的维护和提升，使之达到一个新的高度，从而产生品牌影响力，直到能够进行品牌授权，真正形成品牌效应和品牌效益。

三、品牌战略管理

品牌生命周期理论认为品牌会像产品一样经历形成、成长、成熟到衰退的过程。但与产品生命周期不同，现代经济中品牌已经能够在一定程度上脱离某种具体形式的产品而独立存在，即使某种产品因某种原因退出市场，品牌也不会轻易退出市场。品牌生命周期包括初创期、成长期、成熟期及后成熟期四个阶段。

"阿勒泰羊"品牌化战略的制定、管理和实施，需要企业做好品牌定位、品牌传播、品牌延伸和品牌维护等相关工作。

不同的品牌定位决定了不同的企业品牌化战略。在激烈的市场竞争下，"阿勒泰羊"品牌若要在众多的羊品牌中脱颖而出，拥有较高的市场知名度、美誉度和顾客忠诚度，需要企业通过市场细分，采取多种方式对品牌进行定位，这是企业品牌化战略制定的前提和基础。

四、品牌文化

品牌文化，包括品牌及其创造者所代表的意识形态和哲学，是其创造者对利益认知、对品牌的情感属性、文化传统和个性形象等价值观的综合体现，由精神文化（包括品牌价值观、伦理道德、情感、个性、制度文化）、行为文化（包括品牌营销行为、传播行为、个人行为）和物质文化（包括产品、包装、名称、标志）三部分组成。

我国具有悠久的羊文化历史。以肉羊产业为核心，一些地方逐渐形成了各具特色的羊文化，不同的羊文化形成了不同的企业文化和营销理念，同时也传递给消费者对不同品牌的价值感受。例如，蒙古族等游牧民族形成的草原文化和回族等形成的清真文化，代表着无污染、绿色、环保的理念，为当地羊肉企业品牌和地理标志品牌开展绿色营销提供了有利的条件。就南北方而言，北方地区的消费者口味重，喜欢将羊肉涮着吃和烤着吃；而南方地区的消费者口味轻，喜欢将羊肉煮着吃。有的消费者喜欢肉质细嫩的羔羊肉，有的消费者喜欢有嚼头的成年羊肉。有的消费者愿意买初加工羊肉自己回家做，有的消费者愿意买深加工羊肉产品，方便快捷。有的消费者愿意消费一般的品牌羊肉，有的消费者习惯消费高档有机羊肉。企业只有深入进行社会、文化环境的调研，使营销活动与目标市场的文化环境相协调，才能制定出合理的品牌化营销策略，进而推动羊肉品牌化的建设。

五、质量安全

产品质量是树立产品品牌的基础，生产经营者必须在品牌制度的约束下，严控质量关，生产和销售质量安全有保障的品牌产品，从而满足不同消费者对质量安全产品的需求。

在信息不对称条件下，不同市场和特定市场认可的品牌是识别产品质量的重要标志。对于消费者，品牌有利于帮助消费者识别劣质羊肉产品，降低购买风险，降低食品质量安全事故的发生概率，有效避免因信息不对称而导致的

"逆向选择"问题。对于"阿勒泰羊"系列产品生产经营者，在品牌制度约束下其生产投入和科技水平会提高，生产经营收入也会随之增加，进而使其逐渐意识到品牌能使自己致富，会把提高"阿勒泰羊"系列产品质量作为自觉行为，会有越来越多的农牧户生产经营优质的"阿勒泰羊"系列产品，从而有利于减少采购环节中企业收购的风险。

六、品牌营销

品牌营销因素是"阿勒泰羊"羊肉品牌化建设的关键，直接关系"阿勒泰羊"品牌羊肉产品能否销售出去及是否能得到消费者的认可。主要表现为产品决策、定价决策、分销决策和促销决策四方面的影响。

（一）产品决策的影响

企业通过"阿勒泰羊"系列产品策略的选择影响着消费者的产品选择。当前我国多数企业比较重视品牌羊肉产品质量、特征及式样、品牌类别、包装等有形部分的产品策略的制定，往往轻视品牌羊肉产品的配送、质量可追溯等售后服务策略的制定，而这又恰恰是培育顾客忠诚度、增强"阿勒泰羊"系列产品竞争力、实现企业利润的关键。

（二）定价决策的影响

价格制定是否合理，直接影响"阿勒泰羊"是否能够被消费者接受，是否能够使企业获得适当的利润。通过调研发现，目前市场上羊肉的同质性较强，羊肉生产成本是固定的，去掉饲草料及各级经销商的利润后养殖者的利润并不高，使得多数羊肉产品利润低，虽然有机羊肉产品价格高，但市场空间小，因此羊肉产品品牌很难实现高溢价。做餐饮利润率高，如小尾羊。但是近年来餐饮行业竞争日趋激烈，价格过低企业赔钱，高端价格消费者不接受，使得羊肉餐饮品牌的溢价能力有限。因此，合理的定价策略对企业利润提升，以及满足不同消费群体的需求影响较大。

（三）分销决策的影响

不同的销售渠道决定了不同的品牌定位和消费群体。我国羊肉产品的销售渠道多样化，包括批发、商超、专卖店、餐饮、电子商务等多种形式。其中，批发渠道是以价格为主导的销售渠道，商超、专卖店和餐饮渠道是以品质为主导的销售渠道。其中，商超是品牌羊肉产品最大的销售渠道。进商超投入费用较多，多为规模龙头企业，而且为开发线上产品，规模龙头企业利用电子商务平台，打造大众和高端不同等级的品牌产品，品牌化效应明显。而中小型屠宰加工企业往往通过批发市场销售，品质无法保证，成为我国近年来"掺假羊肉"事件频发的原因之一。

（四）促销决策的影响

促销方式形式多样，主要包括广告、人员推销、销售促进和公共关系。合理选择促销方式可以激发消费者的购买欲望和购买行为。我国一些规模龙头企业近年来多采用公共关系的促销方式提升品牌形象和声誉，品牌化效应明显。

七、技术进步

农牧技术进步主要包括生产技术即自然科学技术的进步，以及农业经济管理即社会科学技术的进步。"阿勒泰羊"品牌化管理技术进步效应主要体现在生产经营管理者对内部各生产要素的科学合理搭配、对资源要素的有效整合，以及对外部的组织制度创新等方面。

"阿勒泰羊"系列产品生产技术进步主要体现在品牌羊肉的养殖、加工和销售三个阶段。在"阿勒泰羊"品牌肉羊的养殖阶段，主要是优良肉羊品种和养殖技术的研发和推广，品系优良的肉羊及科学合理的养殖技术，有利于提高"阿勒泰羊"品牌羊肉产品的品质。在"阿勒泰羊"品牌羊肉的加工阶段，主要是标准化的羊肉屠宰加工、分割技术的应用及专利产品的研发，羊肉加工有利于提高"阿勒泰羊"羊肉产品的科技含量，推动羊肉产品的精深加工，进而提升"阿勒泰羊"品牌羊肉产品的附加值。在"阿勒泰羊"品牌羊肉的销售阶段，主要是网络信息技术的应用不仅拓宽了"阿勒泰羊"品牌羊肉的销售渠道，而且还促进了网络营销的发展。

八、品牌延伸

"阿勒泰羊"品牌延伸反映了企业经营战略的多样化和多元化，"阿勒泰羊"品牌延伸的分类方法很多。根据延伸领域与原品牌领域的密切程度划分为专业化延伸、一体化延伸和多元化延伸，根据延伸种类划分为品种延伸和品类延伸；根据新产品与原有产品的相关度划分为强关联延伸、弱关联延伸和无关联延伸。"阿勒泰羊"企业可以根据自身品牌发展战略选择不同的品牌延伸策略，包括单一品牌延伸策略、多品牌延伸策略和主副品牌延伸策略。品牌延伸策略是一把"双刃剑"，企业使用得当，可以最大限度地利用品牌优势，增加品牌价值，推动"阿勒泰羊"产品经营企业品牌化发展。但是如果使用不当，可能会损害原有的品牌形象和声誉。因此，羊肉生产经营企业应结合自身优势、劣势合理选择品牌延伸策略。

"阿勒泰羊"产品经营企业在打造品牌知名度、美誉度与忠诚度的同时，应预防和处理好随时可能出现的品牌危机，主要包括"阿勒泰羊"品牌品质质量危机和非品牌产品质量危机。"阿勒泰羊"羊肉生产经营企业在实施"阿勒泰羊"品牌化战略时应重视"阿勒泰羊"品牌维护，尤其是在品牌建设的成熟期，维护好品牌是企业品牌形象和价值提升的关键。

（西藏自治区农牧科学院宋天增　甘肃农业大学袁玖　编写）

参 考 文 献

阿拜·达肯，2016. 阿勒泰羊两年三产模式的优点及实施要点 [J]. 当代畜牧（1）：3-4.

阿肯·阿斯别克，2016. 阿勒泰羊的开发利用 [J]. 中国畜牧兽医文摘，32（1）：68.

阿肯·阿斯别克，2016. 阿勒泰养羊业发展现状与存在的问题 [J]. 当代畜牧（15）：
　　72-73.

巴合提·吾拉孜汗，恰布丹·阿孜拜，叶尔克江·吾拉哈孜，等，2008. 阿勒泰羊品种退
　　化原因及选育提高措施 [J]. 中国畜牧业（20）：36-36.

白元生，1999. 饲料原料学 [M]. 北京：中国农业出版社.

蔡宝祥，2001. 家畜传染病学 [M]. 北京：中国农业出版社.

蔡大伟，2007. 古 DNA 与家养动物的起源研究 [D]. 长春：吉林大学.

常洪，郑惠玲，1996. 野生动物种内的形态学遗传变异—野生动物种内的遗传多样性之一
　　[J]. 畜牧兽医杂志（2）：55-56.

陈国宏，张勤，2009. 动物遗传原理与育种方法 [M]. 北京：中国农业出版社.

陈其新，2011. 胰岛素样生长因子-2 对妊娠母羊及胎儿营养代谢和内分泌机能影响及机理
　　研究 [D]. 南京：南京农业大学.

陈涛，徐秀兵，2007. 羊主要疫病的免疫与驱虫方法 [J]. 新疆畜牧业（3）：40-41.

陈童，魏玉刚，郝耿，等，2016. 萨福克羊与阿勒泰羊杂交公羔产肉性能的研究 [J]. 畜牧
　　与兽医，4：60-62.

崔世俊，2012. 内蒙古羊肉地理品牌问题研究 [D]. 呼和浩特：内蒙古农业大学.

丁伯良，2011. 羊病诊断与防治图谱 [M]. 北京：中国农业出版社.

董谦，2015. 中国羊肉品牌化及其效应研究 [D]. 北京：中国农业大学.

冯建忠，2004. 羊繁殖实用技术 [M]. 北京：中国农业出版社.

冯克明，杨会国，候广田，等，2006. 道塞特、萨福克与阿勒泰羊 5 月龄杂交公羔肉品质
　　分析 [J]. 中国畜牧兽医，12：110-112.

冯维祺，1984. 我国多胎绵羊品种资源及其利用 [J]. 农业科技通讯（8）：32.

冯维祺，1987. 世界绵羊品种遗传资源的保存和利用现状 [J]. 辽宁畜牧兽医（3）：39-42.

甘尚权，沈敏，李欢，等，2013. X 染色体 60149273 位点在脂尾（臀）和瘦尾绵羊品种中
　　的多态性及其基因定位 [J]. 中国农业科学，46（22）：4791-4799.

甘尚权，杨武，张伟，等，2014. 绵羊 7 号染色体 46 818 598 位点在脂臀阿勒泰羊群体中的多态检测及分析 [J]. 黑龙江畜牧兽医 (7)：33-35.

甘尚权，张伟，沈敏，等，2013. 绵羊 X 染色体 59327581 位点在 3 种不同尾型绵羊品种中的多态检测及分析 [J]. 石河子大学学报（自科科学版），31 (5)：587-591.

甘尚权，张伟，沈敏，等，2013. 绵羊 X 染色体 59383635 位点多态性与脂尾性状的相关性分析 [J]. 遗传，35 (10)：1209-1216.

甘尚权，张伟，沈敏，等，2013. 绵羊 X 染色体 59578440 位点多态分析及其与尾（臀）脂性状相关性研究 [J]. 新疆农业科学，50 (12)：2311-2316.

高峰，2006. 妊娠后期限饲母羊对其胎儿生长发育及出生后羔羊补偿生长的影响 [D]. 呼和浩特：内蒙古农业大学.

高磊，许瑞霞，赵伟利，等，2015. 绵羊诱导细胞凋亡的 DFF45 样效应因子 c 基因（CI-DEC）克隆及其在持续饥饿条件下阿勒泰羊尾脂组织中的差异表达 [J]. 农业生物技术学报，23 (2)：227-235.

高作信，2001. 兽医学 [M]. 北京：中国农业出版社.

谷撑贤，杨晓雪，2012. 现代牧场动物保健与疫病防控新理念 [J]. 畜牧兽医杂志，31 (3)：75-76.

郭海燕，2016. 性别控制技术及其在家畜生产中的应用 [J]. 安徽农业科学，44 (25)：116-118.

郭继柱，2005. 浅谈规模化集约化羊场的卫生保健措施 [J]. 养殖与饲料 (5)：39-40.

郭继柱，买买提，2006. 规模化集约化羊场提高绵羊繁殖力的综合措施 [J]. 养殖与饲料 (1)：29-31.

郭宗义，魏文栋，2006. 规模化猪场重大疫病防控应急预案的编制 [J]. 南方养猪 (193)：10-11.

国家遗传资源委员会，2011. 中国畜禽遗传资源志——羊志 [M]. 北京：中国农业出版社.

哈德肯·库巴干，邵伟，2015. 冷季补饲对阿勒泰妊娠母羊及羔羊生长性能的影响 [J]. 黑龙江畜牧兽医，12：106-108.

哈迪夏·达列力汗，哈吉提·达里里汗，古丽努尔·马哈提，2017. 德国美利奴羊×阿勒泰羊 F1 与阿勒泰羊羔羊育肥对比试验 [J]. 草食家畜 (4)：21-24.

郝耿，杨会国，鲁海富，等，2014. 阿勒泰羊 BMP15 基因的多态性 [J]. 贵州农业科学 (10)：178-181.

黑孜别克·哈孜别克，赵宗胜，曹少奇，等，2015. 不同毛色阿勒泰羊羔羊生产性状测定结果与分析 [J]. 当代畜牧 (24)：47-49.

贾斌，陈杰，赵茹茜，等，2003. 新疆 8 个绵羊品种遗传多样性和系统发生关系的微卫星分析 [J]. 遗传学报，30 (9)：847-854.

蒋小怀，聂新，王锡波，2013. 新疆畜禽遗传资源状况与保护利用对策研究 [J]. 草食家畜

（5）：17－21.

孔令存，2014. 浅谈羊的免疫 ［J］. 山东畜牧兽医（35）：42.

郎侠，2009. 甘肃省绵羊遗传资源研究 ［M］. 北京：中国农业科学技术出版社.

李达，孙伟，倪荣，等，2012. 绵羊 FecB 基因遗传多样性及其产羔数的关联分析 ［J］. 畜
　　牧兽医杂志，31（2）：1－5.

李锋杰，2012. 高寒地区绵羊人工授精技术要点 ［J］. 青海畜牧兽医杂志，42（3）：51－52.

李观题，2012. 标准化规模养羊技术与模式 ［M］. 北京：化学工业出版社.

李辉，2014. 不同绵羊品种的 leptin 基因多态性检测及分析 ［D］. 石河子：石河子大学.

李江鹏，2019. 农产品地理标志品牌建设及经济效益研究 ［D］. 兰州：兰州大学.

李金保，别克·木哈买提，库拉西，等，2008. 地方良种阿勒泰羊 ［J］. 新疆畜牧业（1）：
　　31－33.

李睿，2016. 民勤羊肉地理标志产品的品牌化建设研究 ［D］. 兰州：兰州大学.

李星艳，王世银，许瑞霞，等，2016. 阿勒泰羊 CFD 基因的克隆及其在不同营养状态阿勒
　　泰羊尾脂中的表达分析 ［J］. 新疆农业科学，53（6）：1136－1144.

梁耀伟，张伟，沈敏，等，2013.7 号染色体 46765080 位点 SNP 与绵羊尾臀性状相关性研
　　究 ［J］. 生物技术通报（10）：103－108.

廖海艳，2007. 哺乳动物性别决定机制的研究进展 ［J］. 湖南农业科学（1）：93－95.

林静竹，1989. 宫内发育迟缓 ［J］. 北京：人民卫生出版社.

刘榜，2019. 家畜育种学 ［M］. 北京：中国农业出版社.

刘凤华，2004. 家畜环境卫生学 ［M］. 北京：中国农业大学出版社.

刘利生，2008. 绵羊养殖新技术 ［M］. 西安：陕西科学技术出版社.

刘明华，周燕，2009. 绵羊人工授精技术操作要点 ［J］. 新疆农垦科技（1）：35.

刘武军，张玉欣，王军，等，1998. 阿勒泰地区 100 万只肉羊优质高产工程的研究 ［J］. 草食
　　家畜（2）：15－17.

刘秀芹，由烽，2013. 绵羊繁殖力的影响因素及提高途径 ［J］. 当代畜禽养殖业（8）：
　　27－28.

刘艳丰，唐淑珍，张文举，等，2014. 沙棘叶黄酮对阿勒泰羊生长性能、屠宰性能和血清
　　生化指标的影响 ［J］. 畜牧兽医学报，45（12）：1981－1987.

刘志强，徐郁哉，石玉珂，等，1987. 阿勒泰羊生理生化常值测定 ［J］. 新疆农业大学学报
　　（3）：7－11.

柳永法，2005. 应急预案及其制定的必要性 ［J］. 中国减灾（6）：33－35.

柳永法，2005. 制定预案应注意的问题（二）［J］. 中国减灾（8）：29－30.

陆承平，2005. 兽医微生物学 ［M］. 北京：中国农业出版社.

罗玉柱，成述儒，Lkhagva B，等，2005. 用 mtDNA D-环序列探讨蒙古和中国绵羊的起源

及遗传多样性 [J]. 遗传学报（12）：1256-1265.

马海玉，臧长江，田佳，等，2014. 阿勒泰羊 MyoD 基因的遗传多态性及其与产肉性状的关联分析 [J]. 中国畜牧兽医，41（11）：218-222.

马桢，郝耿，杨会国，等，2012. 阿勒泰羊品种资源现状及发展思路 [J]. 草食家畜（2）：10-12.

毛鑫智，韩正康，1993. 胎畜与新生仔畜的代谢与营养·营养生理学 [M]. 北京：农业出版社.

娜仁，2019. 锡林郭勒羊肉区域品牌竞争力评价与提升对策研究 [D]. 西安：长安大学.

牛志刚，陈童，於建国，等，2014. 阿勒泰羊 Myf5 基因多态性与早期生长发育性状的相关性分析 [J]. 中国草食动物科学（5）：9-12.

祁成年，雷红，2003. 阿勒泰羊杂交改良和田羊生产肥羔效果 [J]. 中国草食动物，4：19.

权凯，2011. 农区肉羊场设计与建设 [M]. 北京：金盾出版社.

全国畜牧总站体系建设与推广处，2015. 绵羊人工授精技术（一）[J]. 中国畜牧业，22：49-52.

全国畜牧总站体系建设与推广处，2015. 绵羊人工授精技术（三）[J]. 中国畜牧业，24：43-46.

石国庆，2010. 绵羊繁殖与育种新技术 [M]. 北京：金盾出版社.

石国庆，2013. 动物胚胎工程与生物技术 [M]. 北京：金盾出版社.

石亮，2009.20 个微卫星标记在新疆北疆绵羊群体中的遗传多样性分析 [D]. 乌鲁木齐：新疆农业大学.

舒生泉，张婕，张兴亚，等，2012. 高寒山区绵羊人工授精配套技术方案设计 [J]. 新疆农垦科技，35（2）：24-26.

宋立峰，刘月琴，张英杰，2012. 提高肉羊繁殖力的几项措施 [J]. 中国草食动物科学（S1）：424-426.

宋淑娟，文小平，李宏建，2017. 阿勒泰地区草原畜牧业转型升级发展对策 [J]. 贵州畜牧兽医（3）：36-39.

陶卫东，郑文新，高维明，等，2007. 阿勒泰羊肥羔生产产业化技术措施及市场前景分析 [J]. 新疆畜牧业（2）：7-8.

田佳，2014.MyoG、H-FABP、LPL 基因对新疆两个地方绵羊品种产肉量及肉质的影响 [D]. 乌鲁木齐：新疆农业大学.

吐来力江·哈木太，2014.MSTN/Smad 信号通路与阿勒泰羊肌肉生长发育、产肉性能关联性的研究 [D]. 乌鲁木齐：新疆农业大学.

吐来力江·哈木太，安外尔·热合曼，依明·苏来曼，等，2014. 阿勒泰羊羔羊 MSTN mRNA 表达的发育性变化 [J]. 中国草食动物科学，34（3）：15-17.

王冰，合斯莱提·斯马义，2018. 特克塞尔、萨福克及道赛特与阿勒泰羊的杂交 F₁ 代羔羊早期生长发育的比较 [J]. 草食家畜，4：16 - 18.

王大星，徐冬，2009. 阿勒泰羊品种遗传资源调查报告 [J]. 草食家畜（2）：38 - 40.

王芬露，孙泽祥，2013. 国内外畜禽遗传资源保护与利用的研究进展 [J]. 浙江畜牧兽医，38（3）：12 - 14.

王乐，胡昕，薛正芬，等，2012. 新疆阿勒泰地区阿勒泰羊毛绒品质分析 [J]. 家畜生态学报，33（5）：39 - 41.

王世银，邓双义，杨力伟，等，2015. MTNR1A 基因多态性与绵羊季节性繁殖的相关性分析 [J]. 西北农业学报，24（8）：23 - 30.

王世银，石国庆，甘尚权，等，2015. 不同繁殖状态阿勒泰羊下丘脑 *MTNR1A* 基因表达变化与其季节性繁殖的关系 [J]. 南方农业学报，46（10）：1887 - 1892.

王世银，张伟，沈敏，等，2013. 绵羊 X 染色体 59194976 位点多态分析及其与尾（臀）脂性状相关性研究 [J]. 基因组学与应用生物学，32（5）：575 - 580.

王文奇，侯广田，卡纳提，2012. 不同饲喂水平对萨福克羊×阿勒泰羊杂交羔羊生长和屠宰性能的影响 [J]. 中国草食动物科学（S1）：328 - 329.

王文艳，程学勋，2018. 畜产品加工技术 [M]. 北京：中国质检出版社.

王秀兰，郑文新，胡昕，等，2010. 阿勒泰羊毛纤维色度的品种特性 [J]. 草食家畜（4）：20 - 21.

王雪秋，2016. 提高肉绵羊繁殖率的措施 [J]. 现代畜牧科技，3（15）：54.

王耀武，2014. 阿勒泰羊脂肪沉积相关基因的多态性与表达研究 [D]. 北京：中国农业科学院.

王玉梅，2011. 畜牧场环境控制与规划 [M]. 北京：北京师范大学出版社.

王跃，魏玉刚，2016. 阿勒泰羊肉用新品系培育方法的探讨 [J]. 遗传育种（1）：41 - 43.

魏彬，刘志强，1997. 阿勒泰羊生理生化血液流变学常值 [J]. 草食家畜（1）：41 - 44.

魏彬，刘志强，贝念湘，等，1997. 阿勒泰羊生理生化血液流变学常值 [J]. 草食家畜（1）：41 - 44.

魏玉刚，2016. 放牧条件下补饲对阿勒泰羊羔羊育肥效果的初步分析 [J]. 黑龙江动物繁殖（6）：29 - 31.

文国艺，何若钢，石德顺，等，2004. 动物的性别控制 [J]. 动物科学与动物医学，1（21）：15 - 17.

吴荷群，陈文武，刘彩虹，等，2013. 萨福克羊与新疆阿勒泰羊、细毛羊杂交 F1 生产性能测定 [J]. 中国草食动物科学（3）：72 - 74.

夏江涛，杨润，2013. 建立阿勒泰羊保种库的初步设想 [J]. 养殖技术顾问（4）：250 - 250.

夏凯凯，张佳兰，2012. 阿勒泰羊品种生产现状及发展趋势 [J]. 科技信息（34）：485 - 486.

夏热甫·居马依，刘江虎，古丽沙拉·加别力，2011. 关于阿勒泰羊品种发展趋势的探讨
　　[J]. 新疆畜牧业 (3)：43 - 44.

肖非，2009. 新疆绵羊种质资源调查、保护及遗传多样性 [D]. 石河子：石河子大学.

肖非，石廷，付永，等，2009. 新疆地方绵羊种质资源保护概况 [J]. 黑龙江畜牧兽医
　　(23)：42 - 43.

徐秋艳，2017. 新疆居民羊肉消费行为研究 [D]. 北京：中国农业大学.

徐有军，2012. 绵羊人工授精操作技术 [J]. 新疆农垦科技 (7)：31 - 32.

许瑞霞，高磊，赵伟利，等，2015. FABP4 基因在阿勒泰羊尾脂沉积与代谢模型中的表达
　　变化规律 [J]. 遗传, 37 (2)：174 - 182.

薛华山，2016. 阿勒泰羊品种资源现状及发展思路 [J]. 当代畜牧 (2)：39.

杨凤，2002. 动物营养学 [M]. 北京：中国农业出版社.

杨会国，冯克明，候广田，等，2006. 道赛特、萨福克与阿勒泰羊杂交公羔育肥效果对比
　　试验 [J]. 饲料广角 (23)：41 - 48.

杨会国，冯克明，候广田，等，2007. 道赛特、萨福克与阿勒泰羊杂交公羔育肥效果对比
　　试验 [J]. 中国畜牧兽医, 34 (3)：130 - 132.

杨会国，侯广田，薛正芬，等，2007. 陶赛特羊、萨福克羊与阿勒泰羊杂交公羔产肉性能
　　的研究 [J]. 中国草食动物 (6)：27 - 29.

杨莉，王凤丽，刘海燕，等，2015. 寒冷应激对阿勒泰羊硬脂酰辅酶 A 去饱和酶表达的影
　　响以及序列分析 [J]. 中国兽医学报, 35 (6)：989 - 994.

姚春玲，2015. 内蒙古农产品区域品牌竞争力提升研究 [D]. 哈尔滨：东北林业大学.

叶其铿，张国增，1995. 科学养羊 [M]. 北京：北京出版社.

于成江，陈玉林，刘福元，等，2008. 常年性和季节性发情绵羊品种 HIOMT 基因的 PCR -
　　SSCP 分析 [J]. 西北农林科技大学学报（自然科学版），36 (5)：12 - 16.

袁聿军，2010. 哺乳动物性别决定机制的研究进展 [J]. 生物学通报, 45 (10)：8 - 12.

张德权，2014. 羊肉加工与质量控制 [M]. 北京：中国轻工业出版社.

张东海，2007. 提高绵羊繁殖力的主要措施 [J]. 畜牧与饲料科学 (3)：81 - 82.

张伦，1994. 试论提高阿勒泰羊经济效益的"三次"革命 [J]. 新疆社会经济 (3)：66 - 69.

张硕，2007. 畜禽粪污的"四化"处理 [M]. 北京：中国农业科学技术出版社.

张伟，蒋曙光，沈敏，等，2014. 绵羊 7 号染色体 46843356 位点多态性与尾脂沉积相关性
　　研究 [J]. 畜牧与兽医, 46 (4)：25 - 29.

张伟，刘晓娜，邓双义，等，2016. 阿勒泰羊不同繁殖状态下丘脑 *Kiss1* 基因表达规律与其
　　季节性繁殖的关联性分析 [J]. 基因组学与应用生物学, 35 (1)：45 - 52.

张文，王志富，2010. 肉用羊圈养与羊病防治技术 [M]. 北京：科学技术出版社.

张显民，邓代君，马军，等，2012. 绵羊冬产羔与春产羔 [J]. 农村科技 (11)：62.

张英杰，2010. 羊生产学［M］. 3 版. 北京：中国农业出版社.

张沅，2001. 家畜育种学［M］. 北京：中国农业出版社.

张忠诚，2000. 家畜繁殖学［M］. 3 版. 北京：中国农业出版社.

张仲葛，1986. 中国畜牧史料集［M］. 北京：科学出版社.

赵友璋，2011. 羊生产学［M］. 北京：中国农业出版社.

赵友璋，2005. 羊生产学［M］. 北京：中国农业出版社.

中华人民共和国农业行业标准，2006. 绵、山羊生产性能测定技术规范：NY/T 1236—2006［S］. 北京：中国农业出版社.

中华人民共和国农业行业标准，2009. 阿勒泰羊：NY/T 1816—2009［S］. 北京：中国农业出版社.

周光宏，2011. 畜产品加工学［M］. 2 版. 北京：中国农业出版社.

周芝佳，2014. 养殖场环境卫生与控制［M］. 吉林：吉林大学出版社.

Ensminger M E，1986. Sheep and goat science［M］. 5 ed. Danville：the Interstate Printers and Publishers.

Foharty N M，1965. Genetic parameters for live weight，fat and muscle measurement，wool production and reproduction insheep［J］. Animal Breeding Abstracts，63（3）：101 – 143.

Gluckman P D，Hanson M，2004. Developmental origins of disease paradigm：a mechanistic and evolutionary perspective［J］. Review Pediatric Research，56：311 – 317.

Kaivo – Oja N，Bondestam J，Kamarainen M，et al，2003. Growth differentiation factor – 9 induces Smad2 activation and inhibin B production in cultured human granulose – luteal cells［J］. Journal of Clinical Endocrinology and Metabolism，88（2）：755 – 762.

Mc Millen I C，Coulter C L，Adams M B，et al，2001. Fetal growth restriction：adaptations and consequences［J］. Reproduction，122：195 – 204.

Osgerby J C，Wathes D C，Howard D，et al，2002. The effect of maternal undernutrition on ovine fetalgrowth［J］. Journal of Endocrinology，173：131 – 141.

Peters J，Helmer D，von Den Driesch，et al，1999. Early animal husbandry in the Northern Levant［J］. Paléorient，25：27 – 57.

Sibanda L M，1999. Effects of a low plan of nutrition during pregnancy and lactation on the performance of *Matebele* does and their kids［J］. Small Ruminant Research，32：243 – 250.

Zeuner F E，1963. A history of demesticated animals［M］. London：Hutchinson.

图书在版编目（CIP）数据

阿勒泰羊/ 甘尚权编著 . —北京：中国农业出版
社，2019.12
（中国特色畜禽遗传资源保护与利用丛书）
国家出版基金项目
ISBN 978 - 7 - 109 - 25458 - 9

Ⅰ.①阿…　Ⅱ.①甘…　Ⅲ.①绵羊－饲养管理－阿勒
泰地区　Ⅳ.①S826

中国版本图书馆 CIP 数据核字（2019）第 074957 号

　　内容提要：阿勒泰羊是哈萨克羊的一个分支，是我国新疆以肉脂生产性能高而著称的地方优良绵羊品种。本书对阿勒泰羊的品种形成、生物特征与生产性能、品种选育与选配、饲养管理、疫病防控、圈舍设计与环境控制、产品开发与种质利用等方面进行了系统阐述，希望能为阿勒泰羊品种资源的保护与利用奠定基础，为阿勒泰羊的标准化饲养与选育标准的制定提供参考。

中国农业出版社出版
地址：北京市朝阳区麦子店街 18 号楼
邮编：100125
责任编辑：周晓艳
版式设计：杨　婧　责任校对：刘丽香
印刷：北京通州皇家印刷厂
版次：2019 年 12 月第 1 版
印次：2019 年 12 月北京第 1 次印刷
发行：新华书店北京发行所
开本：720mm×960mm　1/16
印张：14　插页：2
字数：246 千字
定价：98.00 元

彩图1　阿勒泰羊大尾羊公羊（A 和 B）

彩图2　阿勒泰羊大尾羊母羊（A，红色；B，黑色）

彩图3　采精器械

彩图4　采精室

彩图5　精液活力检验室

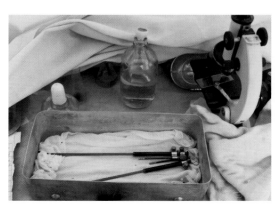

彩图6　输精枪

彩图7　绵羊人工输精站

彩图8　绵羊人工输精室

彩图9　冬季圈舍

彩图10　打瓜壳

彩图 11　番茄酱渣

彩图 12　苜蓿草粉

彩图 13　苜蓿草捆

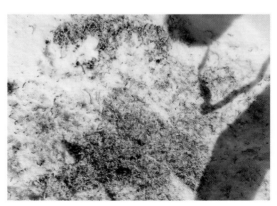

彩图 14　糖　渣